管球アンプ自作へのお誘い

本書を手に取ってご覧になっていると言うことは、アンプって何？
とか 真空管って何？ と言う初歩的な説明が必要ない、
つまり少しながらも管球（真空管）アンプの魅力に
取り憑かれてしまっている、と言うことではないでしょうか。

そろそろキットを卒業してオリジナル色が強いアンプを
作りたくなっている、と言うのは自然な成り行きです。
そのあたりに若干のハードルがあると
思っている方々も多いと思います。
しかしキッカケさえつかんでしまえば何とかなるものです。
そのお手伝いができればと思い、本書を執筆いたしました。

本書の自作レベルはシャーシー加工からするので
中級と言うことになります。
しかし初めてでもいきなり中級レベルのものが
作れるよう留意したつもりです。
題材としてシングルステレオアンプを3台用意しました。

設計手法は過去にベテランの先生方が数多く出版されて
いますのでそちらをご覧いただくこととし、本書では実際の
製作手法について詳しく解説させて頂きました。

初級者＝簡素なもの、では製作はしたものの使用していて
飽きてしまうので、多少ホネのある製作内容になりますが、
実用性の高いアンプにいたしました。

ぜひ管球アンプの自作にチャレンジしてみてください。

本書は

説明は解りやすい初級、
製作内容は完全自作で中級、
音質は上級を目指した解説本です。

電球 ＝ 究極の真空管（1極管）

Contents

BEAM and Pentode Single Stereo Amplifier

ビーム管挿し替えステレオアンプ

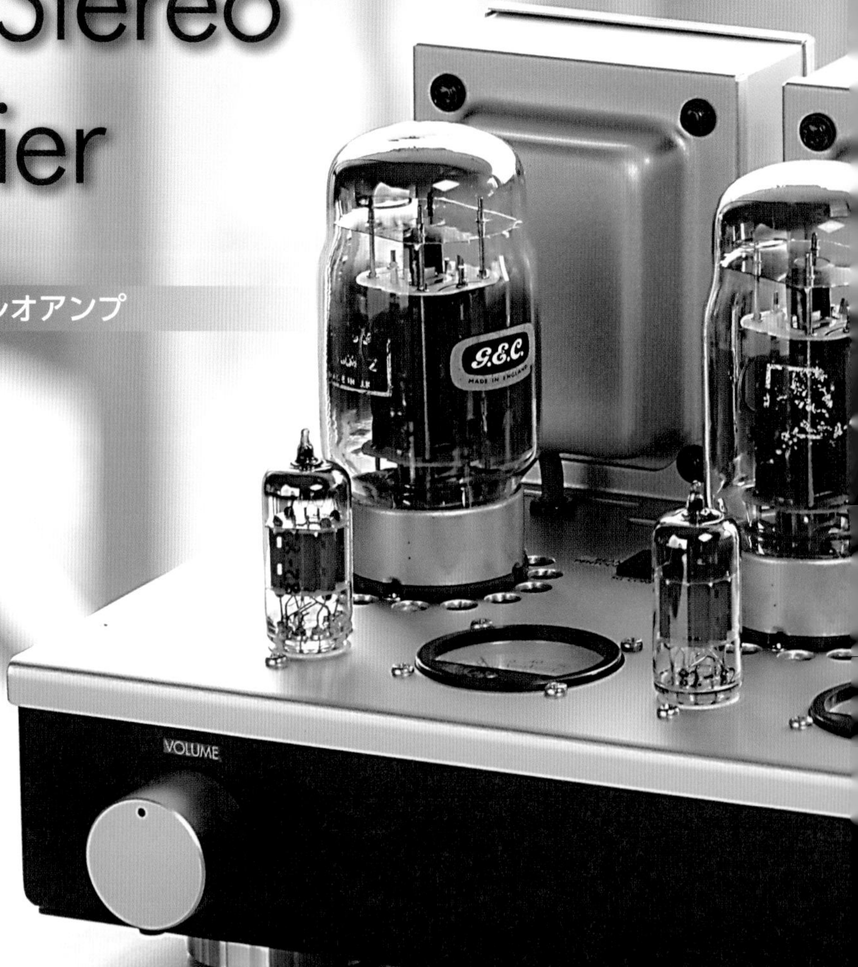

加工難易度：★★☆

組立難易度：★☆☆

配線難易度：★☆☆

●KT66、KT77、KT88、KT90EH、KT99、KT120、KT150、
EL34/6CA7、6550、6L6GC、6GB8、5881、8417、350B
など無調整で挿し替え可能
●ビーム管・5極管接続と3極管接続をスイッチで切り替え
●左をKT88の3極管接続、右を6CA7の5極管接続など、
バラバラ使用も可

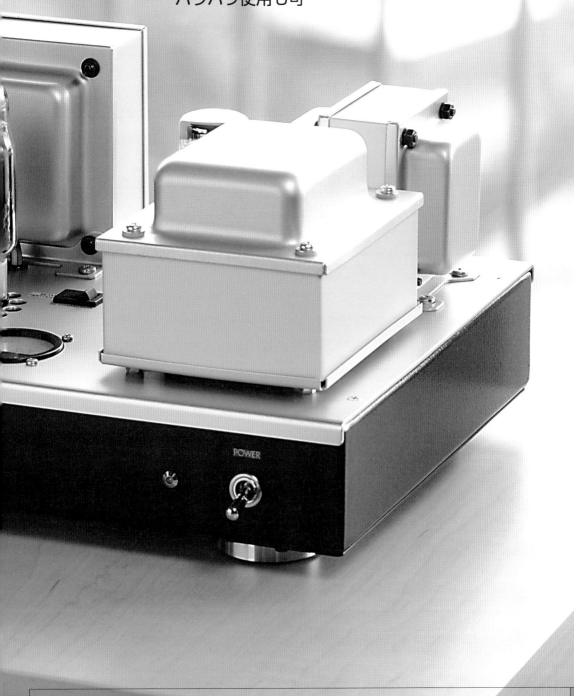

POWER

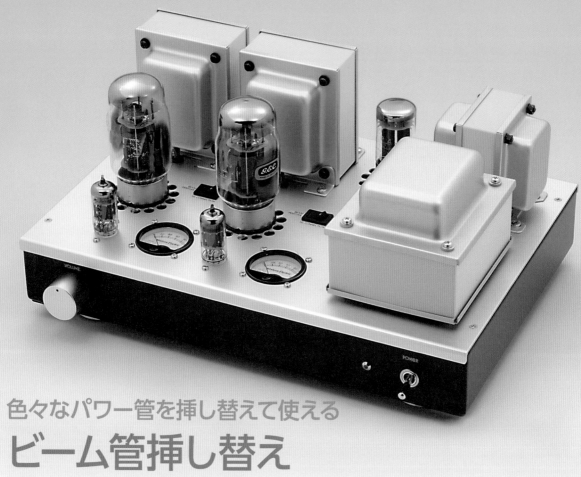

色々なパワー管を挿し替えて使える

ビーム管挿し替え
ステレオアンプ

　管球アンプの世界をのぞいてみると、マニアは真空管名、とくにパワーアンプの場合、パワー管の名前を取ってアンプの名称にしています。

　「2A3 シングルはいいねぇ」とか、「6CA7 のプッシュはどう?」などと話のネタになります。

　これはパワー管がアンプの顔であり、一番音に影響を与えるパーツであるため、昔から自然な成り行きでそうなりました。

　本書をお読みになっている時点でマニアの沼に片足を突っ込んでいますが、球(タマ)が変わると音がどうなる?、と思い始めてアン

プの台数が増えていく・・・これで管球アンプの世界にどっぷり浸かったことが確定、マニアと言えるでしょう。

　しかし自作を続け、台数が増えてくるとだんだん置き場所に困ってきます。でもやっぱり色々なパワー管の音を楽しみたい、そう思うのは私だけではないはず・・・と言うことでシンプルながらも使い勝手の良い挿し替えアンプを計画しました。

　色々な球が使えると言うのは真空管の動作確認用としてベテランでも 1 台は所有しておきたい便利なアンプですので、初心者のうち

に作っておくと言うのもアリです。

・・・

　真空管は色々な種類があります。用途としての分類は電圧増幅管、パワー管(出力管・電力増幅管)、整流管、etc・・・。内部構造としては2〜7極管、ビーム翼がついたビーム管、ガスが封入された放電管、etc・・・。

　ちなみに電球がフィラメントだけで1極管とも言うべき真空管の基本構造です。

　これら全てが挿し替えられたらどんなに楽しいだろうかとは思いますが、規格が違いすぎて不可能ですので、無理なく挿し替えが

できそうなビーム管と5極管を採用することにします。

無理なく、と言うのは電気的な特性も重要ですが、何よりソケットが同じじゃないと物理的に挿し替えできません。ビーム管と5極管は規格がある程度まとまった時期に多く生産されたため、US8P（オクタル）ソケットのものが多く、しかもヒーター電圧 6.3V、ピンアサインもほぼ同じものが多くあります。

3極管はこうはいきません。ソケットは若干 UX4P 規格のものが多い傾向にありますが、フィラメント電圧やプレート動作電圧、直熱管・傍熱管などの種類もバラけており、何もせずに挿し替えと言うのはハードルが高くなります。

しかし世の中には3極管ファンが多くいることは確かです。

本機は回路構成を吟味することによりビーム管・5極管でも良い音がしますが、人気のある3極管の音もスイッチで3極管接続（3極管結合＝3結とも言う）にして楽しめるようにしました。

多極管は5結・3結のどちらにもできるのが純3極管に比べて有利な点です。

・・・

人は年齢を重ねていくと記憶違いによる間違いが多くなってきます。

これはベテランになればなるほど注意が必要で、そのために挿し替えでのトラブルを考慮しておく必要があります。

本機は左に KT88 のビーム管接続、右に 6CA7 の3極管接続など、極端な使い方も大丈夫なようにし、挿し間違いやスイッチ設定によるトラブルが起きないようにしました。

また、色々なパワー管を挿した時に過大な電流が流れていないか電流計で確認できるようにもしています。

詳しくはテクニカルデータのページに記しますが、本機はパワー管の個性が出やすく、事故が起きないよう完全無調整での挿し替えをコンセプトにしたアンプです。

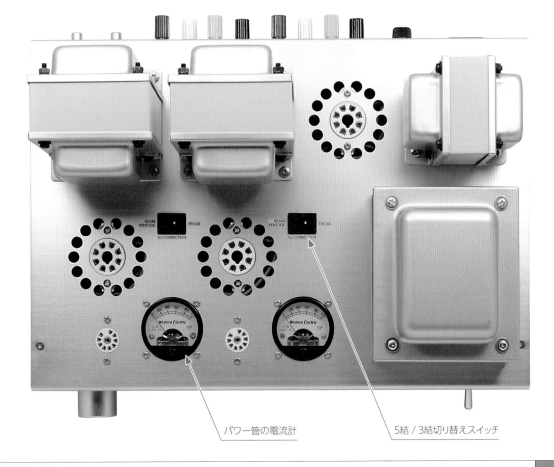

パワー管の電流計

5結 / 3結切り替えスイッチ

旧記号による回路図

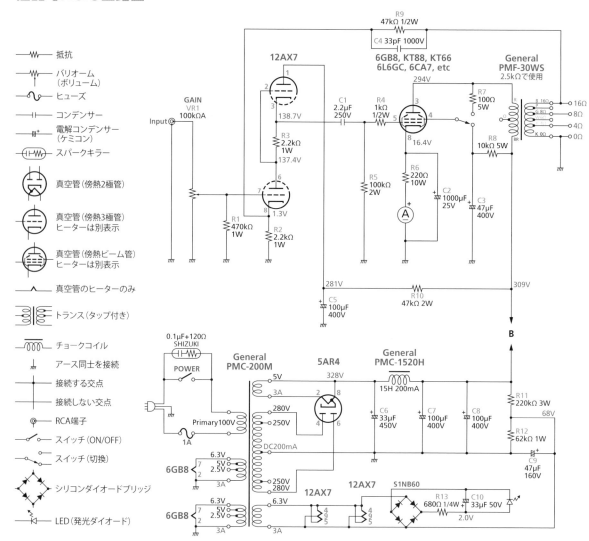

記号凡例:
- —/\/\/— 抵抗
- バリオーム（ボリューム）
- ヒューズ
- コンデンサー
- 電解コンデンサー（ケミコン）
- スパークキラー
- 真空管（傍熱2極管）
- 真空管（傍熱3極管）ヒーターは別表示
- 真空管（傍熱ビーム管）ヒーターは別表示
- 真空管のヒーターのみ
- トランス（タップ付き）
- チョークコイル
- アース同士を接続
- 接続する交点
- 接続しない交点
- RCA端子
- スイッチ（ON/OFF）
- スイッチ（切換）
- シリコンダイオードブリッジ
- LED（発光ダイオード）

※各部電圧はKT88使用時の数値です。他のパワー管使用時は若干電圧が変わります。

回路図に書いていない暗黙のルール

　管球ステレオアンプは通常信号回路が左と右チャンネルで二つありますが、まったく同じ回路なので片方は省略することが良くあります。

　上記回路図の場合、「**B**」と書いてある部分より上の部分はまったく同じものが二つあると思ってください。「**B**」より下の電源部は左右チャンネルで共用しています。

　（「**B**」の部分は上下の矢印で繋がっています）

　次に真空管記号は本来ヒーターも含めて真空管の丸の中に描くことが規定されていますが、回路図の線が多くなって煩雑になるため、ヒーター部だけ真空管本体から切り離して表示することが良くあります。上記回路図の最下部にある12AX7の表示部分です。

　上記回路図はアースマークがいっぱいありますが、このマーク部分は全てつながっている、と言う意味で、シャーシーに落とすアースではありません。

　現在ではこのような表示方法は減ってきましたが、昔の回路図も読めるよう説明の意味で古い表示方法を使用しました。

IEC60617/JIS C 0617 新記号による回路図

Beam Single

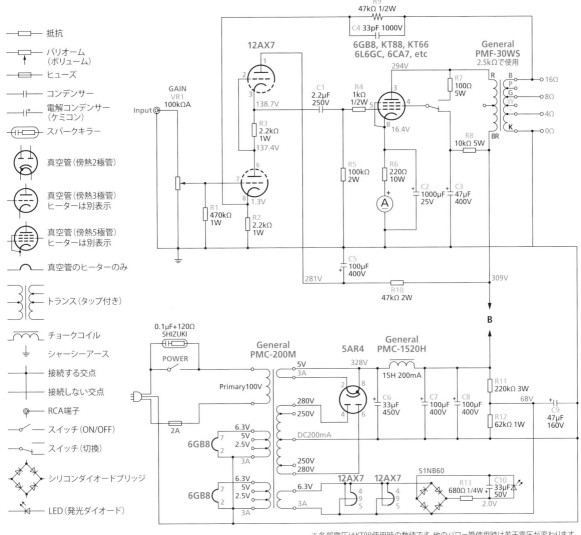

凡例:
- ▭ 抵抗
- バリオーム（ボリューム）
- ヒューズ
- コンデンサー
- 電解コンデンサー（ケミコン）
- スパークキラー
- 真空管（傍熱2極管）
- 真空管（傍熱3極管）ヒーターは別表示
- 真空管（傍熱5極管）ヒーターは別表示
- 真空管のヒーターのみ
- トランス（タップ付き）
- チョークコイル
- シャーシーアース
- 接続する交点
- 接続しない交点
- RCA端子
- スイッチ（ON/OFF）
- スイッチ（切換）
- シリコンダイオードブリッジ
- LED（発光ダイオード）

※各部電圧はKT88使用時の数値です。他のパワー管使用時は若干電圧が変わります。

旧記号と新記号の違い

　1997年から段階的に回路記号が新記号へ移行されました。その新記号で表示したのが上記回路図ですが真空管回路の世界ではほとんど採用されていません。これは真空管が過去のデバイスであり、詳しく分類・制定されていないため使いにくいと言った事情があります。

　1本の真空管の中に二つ以上のユニットが入っている複合管（本機では12AX7がそう）やヒーター部分を別に描く独自ルール、タップの多いトランスなど、まだまだ新表示では対応しきれない部分があります。（ルールが決まっていないので上記は独自判断の表記をしています）

　新表示ではビーム管の記号がありませんので5極管で表示しています。トランスのコアも独自に入れています。なお、旧表示（左頁）のアースマークは逆さ表示が許されていないため、新表示のコンデンサーの向きを逆に表示しています。

　今後、管球アンプの世界でも新記号で表示することになるかも知れませんが、本書では旧表示に読み替えてご覧ください。

色々なビーム管・5極管が使えますので、右のパワー管を2本以上入手してください。

メーカーは問いません。安いものでしたらペアで3,000円程度からありますが、ビンテージ品ですと価格が天井知らずです。

ドライバー管は12AX7を2本、整流管は5AR4を1本入手してください。こちらも年代やメーカーにより大きく価格が変わります。

本機で使えるKTシリーズ。左からTung-Sol・**KT150**、Electro-Harmonix・**KT90EH**、GEC・**KT88**、GEC・**KT66**。この他に**KT77**、**KT99**、**KT120**が使える。

ドライバー管に東芝の**12AX7**（**12AX7A**）を使用。2本必要。欧州名を**ECC83**と言い、世界中で販売された最もオーディオの電圧増幅回路に使用された名球です。お好みのメーカーをお使いください。

本機で使える他のビーム管。左から東芝・**6GB8**、WesternElectric・**350B**、東芝・**6L6GC**、松下（現Panasonic）・**6CA7**（欧州名**EL34**の5極管）。他に**6550**、**5881**、**8417**などが使用可能。

Tips　2本とペアは違う?

真空管はペアチューブと表示し、単独で2本買うより価格が若干高いことがあります。

これは販売店で測定して特性の揃ったものをペアとして売っているためです。メーカーがペアとして卸している場合、価格は同じです。

プッシュプル回路の場合、上下で特性が揃っている必要があるので、通常はペアチューブを買いますが、本書の3台は全てシングル回路ですので、単独2本でも大丈夫です。

同じメーカーで同じ時期の球なら気にするほど特性は違いません。

もし特性が大幅に違う場合は左右チャンネルで音の大きさが若干違うなどで解ります。ビンテージ管の場合はペアであることはまれですので割り切りが必要です。

整流管はナショナル（松下電器・現Panasonic）の**5AR4**を使用。欧州名**GZ34**として海外メーカーのものもあります。

ソケットはパワー管2本と整流管1本用にUS8P×3個、ドライバー管2本用にMT9P（下付け）×2個が必要です。

MT管は上付け用と下付け用の2種類がありますが、本機はトップパネルに下から直接取り付けますので、下付け用です。

アルミシャーシーはタカチの
SRDSL-10HSを使用。旧鈴蘭堂を意味する
SRDシリーズでトップパネルはヘアライン加工の
格好良いシャーシーです。
シルバー（HS）とシャンパンゴールド（HG）が選べますので
お好みの方をお選びください。本機はシルバーの方を選びました。
大きさは幅370×奥行255×高さ58（シャーシー部）mm＋樹脂足です。

電源トランスはゼネラルトランス（旧ノ
グチトランス）のPMC-200Mを使用。
こちらも色を変えて使いました。後から
使用可能になりましたが、PMC-283M
を使えば電流容量が増えてKT150も3
結が使えます。但しチョークコイルの電
流容量も大きなものが必要です。

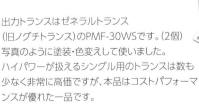

チョークコイルはゼネラルト
ランス（旧ノグチトランス）の
PMC-1520Hです。色は他のト
ランスと合わせて塗装していま
す。15H・200mAの容量です。

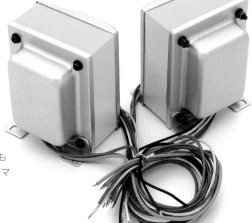

出力トランスはゼネラルトランス
（旧ノグチトランス）のPMF-30WSです。（2個）
写真のように塗装・色変えして使いました。
ハイパワーが扱えるシングル用のトランスは数も
少なく非常に高価ですが、本品はコストパフォーマ
ンスが優れた一品です。

アンプを作る上で大きさや性能、
コストなどが決まる重要部品がト
ランス類とシャーシーです。

　通常は真空管とトランスが決ま
るとおおまかなサイズが解ります
のでシャーシーを後から選びます。

　自作がキットと違う最大の特徴
は自分でシャーシーを選び、オリ
ジナルレイアウトでデザインをす
ることですから、ここはグレードを
上げるためにもフンパツしてくだ
さい。

　管球アンプは配線を短くして非
常にコンパクトに作ったものより、
ムダと思えても余裕を持って大き
めのレイアウトに作った方がつSN
比の面では良い結果になります。

　しかし大き過ぎると設置スペー
スに困ったり使い勝手が悪くなり
ますから、ほどほどにバランスを
考えて好みのシャーシーを選んで
ください。

　本機ではこのシャーシーがレイ
アウトしやすく、配線作業も楽で
したので、ベストなサイズでした。

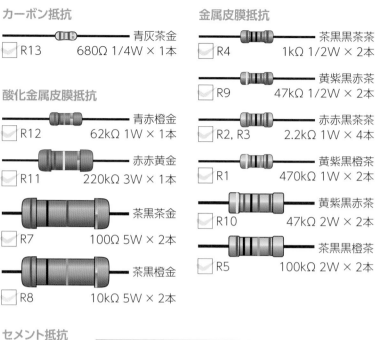

部品を集め
抵抗

カーボン抵抗

青灰茶金
☐ R13　680Ω 1/4W × 1本

酸化金属皮膜抵抗

青赤橙金
☐ R12　62kΩ 1W × 1本

赤赤黄金
☐ R11　220kΩ 3W × 1本

茶黒茶金
☐ R7　100Ω 5W × 2本

茶黒橙金
☐ R8　10kΩ 5W × 2本

金属皮膜抵抗

茶黒黒茶茶
☐ R4　1kΩ 1/2W × 2本

黄紫黒赤金
☐ R9　47kΩ 1/2W × 2本

赤赤黒茶金
☐ R2, R3　2.2kΩ 1W × 4本

黄紫黒橙金
☐ R1　470kΩ 1W × 2本

黄紫黒赤金
☐ R10　47kΩ 2W × 2本

茶黒黒橙金
☐ R5　100kΩ 2W × 2本

セメント抵抗

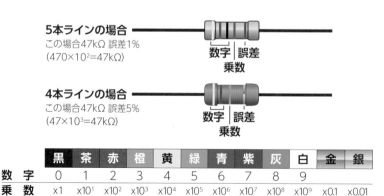

W10W 220ΩJ
TAKMAN

☐ R6　220Ω 10W × 2本

※抵抗は全て実物大です。

抵抗のカラーコードの見方

抵抗は直感的に判りやすい数字表記のものと、どの向きでも解りやすいカラーコード表記のものがあります。最近の抵抗はベース色が青や緑で、その上にカラーコードを印刷しているものが多く、薄く印刷されてしまうと色が違って見えることがありますので、使用前にテスターで抵抗値を確認するようにしましょう。（赤や橙が茶に見えたり、白が灰に見えたりする）

5本ラインの場合
この場合47kΩ 誤差1%
（470×10²=47kΩ）

数字｜誤差
乗数

4本ラインの場合
この場合47kΩ 誤差5%
（47×10³=47kΩ）

数字｜誤差
乗数

	黒	茶	赤	橙	黄	緑	青	紫	灰	白	金	銀
数　字	0	1	2	3	4	5	6	7	8	9		
乗　数	×1	×10¹	×10²	×10³	×10⁴	×10⁵	×10⁶	×10⁷	×10⁸	×10⁹	×0.1	×0.01
誤　差	20%	1%	2%		帯なし=20%						5%	10%

同じものが手に入らない場合

抵抗値／なるべく近似値が望ましいです。例えば10kΩ 5Wが手に入らない場合、20kΩ 3Wを二つ並列にするか、5.1kΩ 3Wを二つを直列につないでください。どちらも3W+3Wで6W分になります。

ワット数／大きい分には構いませんが、サイズが大きくなりますので設置スペースを確認してください。

種類／音質など好みの問題ですので違っても電気的には問題ありません。酸化金属皮膜抵抗を金属皮膜抵抗にしても大丈夫です。

　もっともワット数によって入手できる種類は限られますので、信号回路には音質的に良いとされている金属皮膜抵抗やオーディオ用カーボン抵抗を、ワット数の大きいものはセメント抵抗や酸化金属皮膜抵抗になると思います。

　とくにセメント抵抗は高抵抗値のものがありません。

　昔の巻線抵抗やホーロー抵抗などは誘導ノイズを拾うことがありますのでビンテージ品を使う場合は注意してください。

COLUMN　昔の抵抗

誤差10%
銀帯

誤差20%
帯なし

　現在は最低でも金帯（誤差5%）ですが、昔の抵抗は精度が今ほど良くなかったので、銀帯や4本目の帯なし（つまり3本ライン）がほとんどでした。

Beam Single | 2A3 Single | Headphone | Paint | Chassis Processing | Other Work | Industrial Tool | Shop List

Beam Single

電解コンデンサー（ケミコン）

☑ C6　33μF 450V ×1本

☑ C9　47μF 160V ×1本

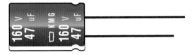

☑ C2　1000μF 25V ×2本

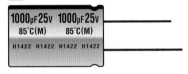

☑ C5, C7, C8　100μF 400V ×4本

☑ C3　47μF 400V ×2本

☑ C10　33μF 50V ×1本

フィルムコンデンサー

☑ C1　2.2μF 250V ×2本

☑ C4　33pF 1000V ×2本
（※10V以上でOK）

注：このコンデンサーは基板用で足が短いため、抵抗の両端に直接ハンダ付けします。

※コンデンサーは全て実物大です。

※電解コンデンサーは極性があります。必ずマイナス側に表示があります。
　また、立形はプラス側のリード線が長くなっています。

同じものが手に入らない場合

容量／使用場所によっては大きくても良い場合と、近似値でないとまずい場合があります。但し抵抗ほどシビアではないので近似値で結構です。
並列接続は割と大丈夫ですが、直列接続は容量誤差で掛かる電圧のアンバランスがだんだん大きくなるため避けた方が良いでしょう。

耐電圧／大きい分には構いませんが、サイズが大きくなりますのでスペースに入るかどうか確認してください。

種類・メーカー・シリーズ／音質など好みの問題ですので違っても電気的には問題ありません。ポリプロピレンフィルムをポリエステルフィルムにしても大丈夫です。但し他の種類を電解コンデンサーで代用することは避けてください。電解コンデンサーは漏れ電流が多いため、大容量が必要なところだけ使います。

形・大きさ／違っても電気的には問題ありませんが、ちゃんと取り付けできるかどうか良く検討してください。特に立型とチューブラー型ではラグ板の位置などが違ってきます。

コンデンサー表示の見方

コンデンサー表示は容量のみコード表示のもの、耐圧もコード表示のもの、容量の後に誤差表示コードのあるもの、など色々あります。

右の例ではシリーズ名、耐圧、容量表示の順に表示があり、誤差表示はありません。

この場合、耐圧250V、容量2.2μF
（22×10⁵=2,200,000pF=2.2μF）

| | シリーズ名 | 耐圧 | 容量数字乗数 |

FPD2E225
*Nitsuko*L231

容量単位はpF（ピコファラド）

誤差表示▶

	B	C	D	F	G	J	K	M
	±0.1%	±0.25%	±0.5%	±1%	±2%	±5%	±10%	±20%

耐圧表示▼

	A	B	C	P	D	E	F	V	G	W	H	J	K
0							3.15V	3.5V	4V	4.5V	5V	6.3V	8V
1	10V	12.5V	16V	18V	20V	25V	31.5V	35V	40V	45V	50V	63V	80V
2	100V	125V	160V	180V	200V	250V	315V	350V	400V	450V	500V	630V	800V
3	1kV	1.25kV	1.6kV		2kV	2.5kV	3.15kV		4kV		5kV	6.3kV	8kV

←LEDブラケット

取り付けやすいブラケット入りです。色によって電流が違うため、他の色の場合、明るさが少し変わります。グリーンを使いました。

スイッチ類↑

電源スイッチはトグルスイッチ（レバースイッチ）、SGコネクション切換えにはシーソースイッチ（ロッカースイッチ）を使いました。AC100V・3A以上が流せるものであれば、好みで他の種類にしてもOKです。本来SGコネクション切換えには300V耐圧のものが欲しいところですが、相当大きなものしかないため、AC250Vのものを使い、動作中は切り替えないことを条件に採用しています。

2連バリオーム↑

Linkmanの610G-QB1型（φ16mm、100kΩ/Aカーブの2連、ミディアムシャフト）のものを使いました。

ボリュームツマミ↑

φ30×L22mm・アルミシルバー梨地仕上げのものを使いました。アンプ全体のグレードに関わりますので、ツマミはケチらないで良いものを使ってください。

← 圧着端子

本機はメンテナンス性を考えてスピーカーターミナルと電流計の配線に圧着端子を圧着せず、ハンダ付けで使用しました。直接ハンダ付けする場合は不要です。

Tips ▼ バリオームのカーブ

バリオームは回転角に比例して抵抗値が直線的に変化するものをBカーブと言います。

ところが人間の耳はリニアに出来ておらず、Bカーブでは音量の増加率が不自然に感じてしまうため、小音量あたりは抵抗の減少率がゆるやかで、最大音量あたりは急激に抵抗値が減るように作られたAカーブを使うようにします。

もしAカーブが手に入らない時はBカーブでも音量増加率が少し急に感じるだけで、問題なく使えます。

他にも逆の特性を持ったCカーブやバランス用のMN型（カーブ）2連バリオームなど数種類あります。

RCAピンジャック↑

赤と黒を一つずつ用意します。多点アースにならないよう、絶縁タイプを選びます。

ACコード↑

PC用の汎用品です。

スピーカーターミナル↑

ジョンソンターミナルと呼ばれるものです。本機は4，8，16Ωと複数の出力を取り出すため、各色二つずつ、計8個使用します。廻り止めが付いていて、バナナプラグにも対応しています。

← ヒューズホルダー

サトーパーツのL30mmヒューズ用を使いました。

ACインレット↑

LINKMANのIEC規格のものを使いました。ACコード直付けよりも取り外せる方が何かと便利です。

ヒューズ ➡

本機の消費電流は1.1A程度なので2Aのヒューズを使います。トランスメーカーが外付けヒューズの容量を指定している場合は指定通りにします。

樹脂ブッシュ（グロメット）↑

トランスのリード線を通すために使います。本機のシャーシーはアルミ2mm厚で、この厚みのゴムブッシュはほとんどありませんので、ねじ止めタイプの樹脂ブッシュを使います。大は外径φ13/内径φ7/シャーシー穴径φ10mm、小は外径φ10/内径φ5/シャーシー穴径φ7.5mmを使いました。

Beam Single ｜ 2A3 Single ｜ Headphone ｜ Point ｜ Chassis Processing ｜ Other Work ｜ Industrial Tool ｜ Shop List

ねじ類⬇

本機で使ったねじ類のリストは右記の通りですが、小さくてなくしやすいので予備も含めて少し多めに買ってください。

使用ねじ類リスト

❶ M3-L8 ナベビス ----------------------------- ×6
❷ M3-L8 皿ビス ------------------------------- ×4
❸ M3-L8 皿ビス黒 ---------------------------- ×2
❹ M3-L15 ナベビス --------------------------- ×8
❺ M3ナット ----------------------------------- ×20
❻ φ3スプリングワッシャー----------------------- ×20
❼ M4-L10 バインドビス ----------------------- ×12
❽ M4ナット ----------------------------------- ×12
❾ φ4スプリングワッシャー----------------------- ×16
❿ M3-L4 メタル六角スペーサー メスーメス- ×8
⓫レバースイッチ用ローレットナット ------------- ×1

カッティングシート⬆

トランスのコア部は塗装をせず、モスグリーンのカッティングシートを貼りました。色は豊富にありますので好みの色をお選びください。店舗により10cm単位、50cm単位、1m単位で切り売りしてくれます。

ラグ板⬆

サトーパーツのL-590シリーズです。
❶大1L-5P×3
❷大1L-4P×2

⬅ 塗料

左／アサヒペン・クリエイティブカラースプレー90シルバー300ml　右／アレッソ・速乾さび止め
本機で使用のトランス類は黒色でしたので、シルバーに塗り替えました。塗料は品質に差があり、良いものは垂れにくく塗りやすいです。アサヒペンのクリエイティブカラーは私好みの濁った色が多く、良く利用します。他にカー用品店で手に入るクルマ用の塗料も品質が良く候補になります。
塗装の前に下地としてサフェーサー（さび止め）を塗ります。さび止めをして長持ちさせる目的もありますが、細かいキズが埋まって表面がなめらかになるので、見た目も良くなります。

⬅ 配線材

電流が多く流れる白（AC1次側）、青（ヒーター）、赤（＋B）、黒（アース）は0.5sq（AWG20）のビニール線をを使いましたが0.3sq（AWG22）でも大丈夫です。電流の少ないカソード（緑）は0.3sq（AWG22）を使っています。また、一部はトランスのリード線を切った余りを使用しています。

⬅ シールド線

シールド線はφ3の1心（単心）シールドの通常品です。間違えないようにLは白、Rは灰色に色を変えました。各1mです。

⬅ 熱収縮チューブ

シールド線の処理で使います。メーカーによりスミチューブやヒシチューブなどの商品名で販売しています。シールド線がφ3なので、内径φ3.5（外径φ4）と内径φ1.3（外径φ1.7）を使いました。

⬅ 塗料はがし液とスプレーのり

トランスの塗料をはがすのに使います。水性のものは弱いので強力な油性のものの方が良いでしょう。
シャーシーに穴あけシートを貼る時、スプレーのりを使うと楽です。一番弱い強度のものが良いです。

結束バンド⬆

一番小さいもので結構です。約30本使いますのでインシュロックのAB80・100本入りを使いました。

品名	品番・規格	メーカー・規格	単価(税込)	個数	購入先
真空管	☑ KT-88、6CA7など	GEC、松下など	¥1,500〜∞	2	所有品
	☑ 12AX7(ECC83)	東芝	¥500〜¥5,000	2	所有品
	☑ 5AR4	ナショナル(松下)	¥1,000〜¥5,000	1	所有品
出力トランス	☑ PMF-30WS	ゼネラルトランス(ノグチ)	¥20,520	2	ゼネラルトランス販売(株)
電源トランス	☑ PMC-200M	ゼネラルトランス(ノグチ)	¥13,380	1	ゼネラルトランス販売(株)
チョークコイル	☑ PMC-1520H	ゼネラルトランス(ノグチ)	¥6,820	1	ゼネラルトランス販売(株)
シャーシー	☑ SRDSL-10HS	タカチ	¥11,110	1	(有)エスエス無線
真空管ソケット	☑ US8Pタイトソケット	五麟貿易 下付け用	¥450	3	門田無線電機(株)
	☑ MT9Pタイトソケット	五麟貿易 下付け用	¥340	2	門田無線電機(株)
カーボン抵抗	☑ 680Ω 1/4W	タクマン電子	¥5	1	(株)千石電商
酸化金属皮膜抵抗	☑ 62kΩ 1W	タクマン電子	¥10	1	(株)千石電商
	☑ 220kΩ 3W	タクマン電子	¥30	1	(株)千石電商
	☐ 100Ω 5W	タクマン電子	¥80	2	(株)千石電商
	☐ 10kΩ 5W	タクマン電子	¥80	2	(株)千石電商
金属皮膜抵抗	☑ 1kΩ 1/2W(REY)	タクマン電子	¥50	2	(株)千石電商
	☑ 47kΩ 1/2W(REY)	タクマン電子	¥50	2	(株)千石電商
	☐ 2.2kΩ 1W(オーディオ用)		¥60	4	瀬田無線(株)
	☐ 470kΩ 1W(オーディオ用)		¥60	2	瀬田無線(株)
	☐ 47kΩ 2W(オーディオ用)		¥70	2	瀬田無線(株)
	☐ 100kΩ 2W(オーディオ用)		¥70	2	瀬田無線(株)
セメント抵抗	☑ 220Ω 10W	タクマン電子	¥70	2	(株)千石電商
フィルムコンデンサー	☐ 2.2μF/250V	日通工FPD	¥500	2	海神無線(株)
	☐ 33pF/1000V	WIMA	¥60	2	(株)千石電商
電解コンデンサー	☐ 1000μF 25V	ニチコンFineGold	¥90	2	(株)秋月電子通商
	☐ 33μF 50V	KMG(日本ケミコン)	¥20	1	(株)千石電商
	☐ 47μF 160V	KMG(日本ケミコン)	¥80	1	(株)千石電商
	☐ 47μF 400V	KMG(日本ケミコン)	¥250	2	(株)千石電商
	☐ 100μF 400V	KMG(日本ケミコン)	¥250	4	(株)千石電商
	☐ 33μF 450V	KMG(日本ケミコン)	¥200	1	(株)千石電商
電流計	☐ 100mA 丸型	五麟貿易	¥1,300	2	門田無線電機(株)
RCAピンジャック	☐ 絶縁タイプ(赤黒ペア)	トモカ電気 C-60	¥210	2	門田無線電機(株)
ジョンソンターミナル	☐ 黄	MSK TM505キ	¥138	2	マルツ秋葉原2号店
	☐ 青	MSK TM505アオ	¥138	2	マルツ秋葉原2号店
	☐ 白	MSK TM505シロ	¥138	2	マルツ秋葉原2号店
	☐ 黒	MSK TM505クロ	¥121	2	マルツ秋葉原2号店
スナップスイッチ	☑ 1回路2Pタイプ	NKKスイッチズ(旧日開)S-301	¥374	1	門田無線電機(株)
シーソースイッチ	☐ 3Pタイプ	マル信無線電機 MSR5	¥100	2	(株)千石電商
バリオーム	☐ 100kΩAカーブ2連RV16	Linkman 610G-RB1-A104	¥147	1	マルツ秋葉原本店
メタルツマミ	☑ φ30mmL22mm	Linkman 30X22BPS	¥609	1	マルツ秋葉原2号店
スパークキラー	☑ 0.1μF+120Ω	指月電機製作所	¥150	1	瀬田無線(株)
シリコンブリッジ	☐ 600V/1A(DIP)	新電元工業 S1NB60	¥50	1	(株)千石電商
LEDブラケット	☐ 緑色 CTL-601-G	三成電器製作所	¥220	1	門田無線電機(株)
ACインレット	☑ WTN02F1171	Linkman	¥100	1	マルツ秋葉原本店
ACコード	☑ 3Pプラグ付き	PC用	¥100	1	

品名	品番・規格	メーカー・規格	単価(税込)	個数	購入先
ヒューズホルダー	☐ F-4000A	サトーパーツ	¥200	1	門田無線電機(株)
ヒューズ	☐ AC125V-1A 標準サイズ	サトーパーツ FG-30	¥100	1	門田無線電機(株)
配線材	☐ 0.2sq(AWG24)	品川電線 青 1m	¥50/m	1m	マルツ秋葉原本店
	☐ 0.3sq(AWG22)	KHT 緑 1m	¥33/m	1m	マルツ秋葉原本店
	☐ 0.5sq(AWG20)	三山電線1007 赤白 各1m	¥40/m	2m	九州電気(株)
	☐ 0.5sq(AWG20)	三山電線1007 黒 3m	¥40/m	3m	九州電気(株)
	☐ 0.5sq(AWG20)	三山電線1007 青 4m	¥40/m	4m	九州電気(株)
	☐ シールド線 灰白	各1m ギターシールドφ3	¥65/m	2m	九州電気(株)
ローレットナット	☐ φ12用	日本開閉器	¥50	1	門田無線電機(株)
ビス	☐ M3-L8ナベビス		↓	×6	西川電子部品(株)
	☐ M3-L15ナベビス		↓	×8	西川電子部品(株)
	☐ M3-L8皿ビス		↓	×4	西川電子部品(株)
	☐ M3-L8皿ビス黒		↓	×2	西川電子部品(株)
	☐ M4-L10バインドビス		↓	×12	西川電子部品(株)
ナット	☐ M3ナット		↓	×20	西川電子部品(株)
	☐ M4ナット		↓	×12	西川電子部品(株)
圧着端子	☐ M3用 R1.25-3N	ニチフ	↓	×8	西川電子部品(株)
	☐ M4用 R2-4	ニチフ	↓	×4	西川電子部品(株)
スプリングワッシャー	☐ M3用		↓	×20	西川電子部品(株)
	☐ M4用	ここまでのビス類全てで約¥1,000		×16	西川電子部品(株)
メタルサポーター	☐ M3-L4mm メス-メス	(メタル六角スペーサー)	¥40	×8	(株)千石電商
樹脂ブッシュ	☐ 外径10-穴径7.3-内径5mm		¥45	1	西川電子部品(株)
	☐ 外径11-穴径8.7-内径6mm		¥45	2	西川電子部品(株)
	☐ 外径13-穴径9.5-内径7mm		¥50	2	西川電子部品(株)
ラグ板	☐ 大1L-4P	サトーパーツ	¥70	2	門田無線電機(株)
	☐ 大1L-5P	サトーパーツ	¥80	3	門田無線電機(株)
ユニバーサル基板	☐ 紙フェノール ICB-288	サンハヤト	¥100	1	(株)千石電商
熱収縮チューブ	☐ φ1.7mm×1m	三菱ケミカル	¥120	1	(有)タイガー無線
	☐ φ4mm×1m	三菱ケミカル	¥120	1	(有)タイガー無線
結束バンド	☐ AB80×100本入	インシュロック	¥194	1袋	西川電子部品(株)
スプレー塗料	☐ 90シルバー	アサヒペン(クリエイティブカラー)	¥596	1	DIY-toolドットコム
カッティングシート	☐ 45W×30cmモスグリーン	中川ケミカル	¥92	1	東急ハンズ渋谷店
サーフェーサー	☐ 速乾さび止めグレー420ml	カンペハピオ	¥880	1	島忠ホームセンター
真空管を除く合計			¥89,825		

本機は2018年に製作していますが、その時より大きく価格改定されていたり、販売中止(代替品で表示しています)になっているものもありますので、価格は2020年8月現在の調査価格を表示しました。

購入先も廃業などで入手先が変更になった場合は変更後の店舗を表示しています。(例／ノグチトランス→ゼネラルトランス)

販売中止や価格改定などは良くありますので、リストは参考価格とし、実際には各店舗にお問い合わせください。

真空管は入手できるかどうかや、時期によっても相当な金額の開きが出ますので、合計金額には含めないリストとしました。表示している真空管の単価は、手に入ればおそらくこの程度の価格と言う予想に基づいています。

製作編
シャーシー加工

トランスの色変え	→ P19
パーツ実測・図面作成	→ P22
穴あけシート作成・貼り付け	→ P24
シャーシー穴あけ	→ P25

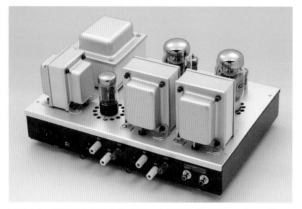

スピーカー端子は左右の4、8、16Ωの各端子を並べるとスペースがきつく、回しにくくなるため、段違いにして少しでも間隔を広くしています。

本機の製作手順は概ね左記のようになります。

コツは1にも2にも丁寧に、です。アンプを作ることを職業としているプロではスピードも大事な要素ですが、私たち自作マニアは早く作っても雑であったら評価されません。じっくり時間を掛けて作りましょう。

ボール盤などの工作機械がないとキレイにできないと言う方もおりますが、そんなことはありません。工具はあるに越したことはありませんが、電動工具は最小限でドリルのみ、あとは手作業でも十分美しいアンプを作ることができます。

作業手順はトランス4個の色変えから始めます。本機のように塗装作業がある場合は乾燥放置期間で数日かかりますので、その間に他の作業ができるよう先に作業しておきます。

もちろん天気や湿度によっては前後する場合もありますので臨機応変に作業順序を変えましょう。

本機では専用の製作部屋などがなくてもできるよう、一定の配慮をした上で解説しています。実際に本機もマンションの一室で全て製作しました。

「トランスのカラーリング」P154～P160もご覧ください

製作のいちばん最初の作業はトランスの色変えから始めます。

基本的にトランスは分解できる限り、分解して塗装します。

ビスとナットやワッシャーは順序を間違えやすいので、元と同じ順番にビスにナットとワッシャーを通しておき、組み立てるまで保管しておきます。

電源トランスは4組のビス・ナットのうち、1組のビス・ナットセットのみアース対策がしてあり、残りの3組は絶縁されるようになっている場合があります。

厚み調整用のステーも枚数を間違えないように保管してください。

Beam Single
2A3 Single
Headphone
Point
Chassis Processing
Other Work
Industrial Tool
Shop List

1 出力トランス2台(PMC-30WS)とチョークコイル(PMC-1520H)のカバーを全て外します。

2 品番シールは予めはがしておきます。品番が解らなくならないよう塗装後、同じ位置に貼った方が良いでしょう。

3 外したカバーとアングルです。塗料はがしが地面に付かないよう、木のブロックで浮かせるように用意します。

4 塗料はがしを塗ります。ハケでは細かいところが塗りにくいので筆の方が良いでしょう。

5 数分放置すると塗装が剥がれて浮いてきます。

6 浮いた塗料をヘラなどで軽く取り除きます。

7 残った塗料と塗料はがしをウェスで拭き取ります。後でペーパー掛けしますので少しくらい残っても大丈夫です。

8 内側も同じようにします。内側は作業不要に思えますが、エッジが見えるため、ひとえにエッジ塗装のためです。

9 カドの取りにくい塗料の部分は爪楊枝で取ります。

トランスの色変え

10 塗料を剥がしたら400〜600番程度の耐水ペーパーで水を掛けて全体を擦ります。

11 木の端切れなどに両面テープでトランスカバーを落ちないように貼り付けます。

12 サフェーサー（速乾サビ止め）を内側から塗ります。木の端切れ棒を手に持って吹き付けるのもありです。

13 内側が乾いたら外側を塗ります。やはりボール紙で作った台で床面より少し浮かせています。

14 乾いたら600〜800番（つや消し塗装仕上げの場合）の耐水ペーパーで水研ぎして表面を滑らかにします。

15 少しなら下地が出ても大丈夫です。サフェーサーはあまり厚いと表面が柔らかくなってしまうので1回塗りでOK。

Tips アングルの塗装

トランスの足（アングル）など全周を塗る必要がある場合は針金などで吊って塗ると手早くキレイにできます。針金はわざわざ用意しなくてもクリップを分解・折り曲げて利用できます。

16 カラースプレーを内側から塗ります。スプレー塗料と塗る面の離す間隔はその日の風によって変わります。

17 内側を良く乾かしたら外側を塗ります。できれば翌日が良いです。外側は乾燥後に2度目を塗ります。

18 トランスの足も同様に塗装剥がし、サフェーサー、水研ぎ、カラースプレーと作業します。

出力トランスPMF-30WSの二つ、チョークコイルPMC-1520H、電源トランスPMC-200M、計四つを同じように塗装してください。

塗装は一部、塗装ボックスを使っています。塗装ボックスの詳細は塗装の頁（P157）をご覧ください。

コア部分に磁気シールド板が付いている場合は平らなので、通常はコイル部分をマスキングしてスプレー塗料で塗ります。

しかしカッティングシートならもっと手軽です。カッティングシートであればもし色を変更したくなったり失敗した場合でもすぐに貼り替えができます。

19 カッティングシートをトランスのコア部全周+10ミリ程度の長さに切り出し、剥離紙を剥がします。

20 巻き終わりがカド近くにくるように最初の1面を貼ります。

21 空気を抜きながら丁寧に貼っていきます。ズレないように注意します。

22 トランスをくるくる回して次の面を貼ります。

23 最後の面がちゃんと角の手前で終わることを確認します。もし超えてしまった場合は丁寧にカッターで切ります。

元通りに組み立てるとトランスのカラーリングは完成です。但しトランス組み立ては塗装が良く乾いてからにし、その間は他の作業を進めるようにします。

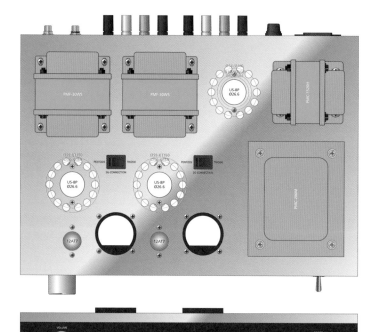

パーツ実装時の完成予想図　Scale=25%

さて、ここからは図面を描いて実際にシャーシーを加工していきます。

本機は管球アンプでは定番のシャーシー、タカチ・SRDSL-10を採用しました。このシャーシーは側板フレームと天板、底板が取り外せますので、作業しやすいようフル分解して加工・組立を行います。

サイズ的に無理がなく、作りやすいので、加工難易度は星一つでも良いのですが、丈夫な2mm厚のアルミを採用していますので、穴あけは少し大変です。そのため星二つとしました。

※注意：「パーツは実測が基本」です。2〜3ヶ月経ったら同じ部品が手に入らない、メーカー発表の図面を信用したらマイナーチェンジしていて違っていた、なんて言うことは良くあります。パーツを購入したら必ず実測して図面を作成、または変更してください。

COLUMN　US8Pオクタルソケットの穴開け寸法

US8Pソケット（通称オクタルソケット）はメーカーによりφ27、φ28、φ29、φ30、さらに過去にはφ32mmと多種多様なサイズがあり、加工した後ではメーカーの変更がムリなほど違いがあります。

OMRON

LUX

QQQモールド

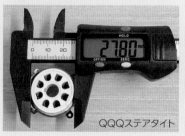

QQQステアタイト

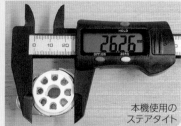

本機使用の
ステアタイト

サイドタブ: Beam Single / 2A3 Single / Headphone / Point / Chassis Processing / Other Work / Industrial Tool / Shop List

同じパーツを使った場合の穴あけ寸法図は下記のようになります。

直接図面（穴あけシート）をシャーシーに貼り付けて穴をあけ

ますので、PC上でパーツの位置関係が確認できていれば寸法線は入りません。（CADの場合は自動的に入りますが）

但しドリルの刃を選びやすいように穴サイズだけは書き込んでおきます。

シャーシー/タカチSRDSL-10

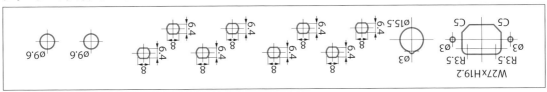

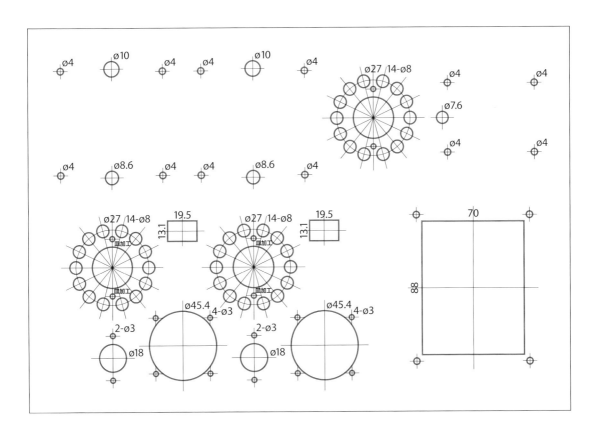

Scale = 40%

本機のPDF図面データはダウンロードできます。https://honmatsu-amp.net/irodori/beam.html

穴あけシート作成・貼り付け

昔はシャーシーに直接罫書き線を描いていましたが、現在はPC用のCADが発達していますので利用しましょう。アプリケーションは各自慣れたもので結構です。私は実体配線図も描きますのでAdobe Illustratorを使っています。プリンターはできればA3出力ができると楽です。

※注意：プリントからシャーシーへの貼り付け作業は雨天や梅雨時など湿度の高い日は避けてください。紙は以外と湿度で伸びますので精度が落ちてしまいます。

（例えば30cmくらいの紙は湿度で2mmも伸びることがあり、穴あけ位置が許容できないほどずれてしまいます）

Tips 図面の2重線

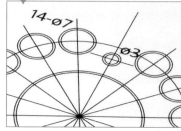

穴をあけると線が消えてサイズや位置が合っているか判りにくくなります。そこで穴サイズの0.5mm外側にも線を作図しています。

24 CADなどで作図したものをプリントします。A4など小さい場合はタイリング出力をしてつなぎます。

25 シャーシーに合わせてカットします。なお、位置合わせのためカドRのある面は天面より大きく切り出します。

26 貼る時に位置が合わせやすくなるよう、尖ったカドでサイズに合わせて折り目をつけます。

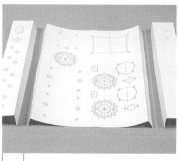

27 シャーシーはカドRがあってズレやすいため、穴あけシートの左右側は切りますが前後側は折り曲げて貼ります。

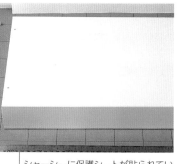

28 シャーシーに保護シートが貼られている場合は、図面貼り付け前にはがします。（無い場合もあります）

29 スプレーのりを吹き付けます。吹き付け後、数秒風を当てて少し乾かしてから貼るようにします。

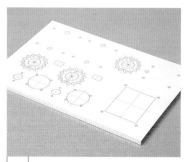

30 ずれないように貼り付けます。以降の全ての精度に関わるため、この作業が一番神経を使うところです。

31 フレームにも図面シートを貼り付けます。耳は折り曲げて裏側に貼り付けます。

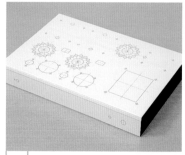

32 両方のパネルを重ね合わせてみたところです。パーツ同士がぶつかりそうにないか確認します。

この後の作業は「シャーシー加工」P162〜P165もご覧ください

精度良く仕上げるには地道な作業・工程が必要です。穴はいきなりあけず、センターポンチでセンター出しをするのは必須です。

センターポンチは金槌等で叩いてはいけません。手で持ってグリグリと押し付けて凹みを付けます。

次に小さいドリル刃で穴をあけずに凹み大きくし、さらに1ランク太いドリル刃で凹みをさらに大きくします。3mm程度のビス穴であれば、この後、目標サイズのドリルであけ、ヤスリでバリ取りをしたら終了です。それより大きな穴の場合は、目標のサイズより小さいドリルで穴をあけ、丸ヤスリでセンターずれを修正し、最終的にリーマーで目標の穴サイズに広げます。

このような作業は時間が掛かりますが、丁寧にやるにはこれが普通の作業だと思ってください。

Beam Single

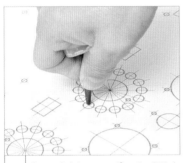

33 全ての穴をセンターポンチで凹みを付けます。これをしないでいきなりドリルで穴をあけるとズレてしまいます。

34 15mm 以上の大きな穴はカッターなどで先に切って紙をはがします。写真はサークルカッターを使っています。

35 電源トランスの角穴も定規を当ててカットし、紙をはがします。紙をはがすことで見やすく精度も上がります。

COLUMN　皿ビス加工の必要性

GT管に一番良く使われているUS8Pソケット（通称オクタルソケット）はビス間隔が狭いため、写真のようにナベビスで取り付けると多くのGT管が浮いてしまいます。密着させるためには皿加工をして皿ビスを使用する必要があります。

写真は本機を使って皿加工せずにナベビスでソケットを取り付けてみたところです。6CA7/EL34や本機で採用していない6F6系や6V6系はベースが小さく、皿加工にしなくても大丈夫ですが、中型以上のパワー管は皿ビスを使った方が良いでしょう。

KT88は偶然カシメ部分の凹みがあって深く挿せます。

6CA7/EL34はベースが小さくビスを避けられるのでナベビスでも大丈夫です。

KT150もカシメの凹みがありますが、小さいので少し浮いてしまいます。

6GB8や6L6GCは完全にアウトです。ビスに当たってしっかり挿せません。

加工は常にセンターズレを意識して作業します。ズレては修正の繰り返しになる場合もありますので、ヤスリは数種類必要です。

大きな丸穴は電動ドリルに太いドリル刃やホールソーを取り付けてあけます。

電動ドリルによる穴あけはボール盤やハンドドリルよりセンターズレを起こしやすいため、目標サイズより小さい刃を使ってあけ、最終的にはヤスリやリーマーで目標サイズに仕上げます。

角穴はニブリングツールを使うと手軽で便利ですがアルミ板でせいぜい1.5mm厚程度まで、2mm厚になると手が痛くなってきますし、刃もストレスで早めに折れるようになります。

そこで鉄ノコも併用するようオススメします。

36 センターポンチしたところを 2mm のドリルで軽くさらいます。次に 3mm でさらに深くします。

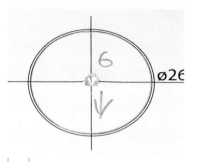

37 この時点で中心からずれているか判りますので、修正する方向に矢印を書き込んでおきます。

38 3mm 〜 6mm にあける穴や大きな穴でもズレが解っている穴は 3mm のドリルで穴をあけます。

39 センターからずれている穴は一気に目的のサイズにあけず、やすりで修正しながら大きくします。

40 センター修正できたらリーマーで目標のサイズまで穴を大きくします。

41 ホールソーを使うところは先に穴をあけ、センターずれを確認し、大丈夫なようでしたら紙をはがします。

42 大きな丸穴は目的より少し小さい直径のホールソー＋電動ドリルであけます。

43 小さい角穴はドリルで12mm程度まで穴をあけ、あとはニブリングツールであけます。

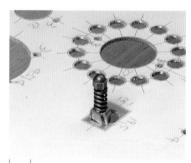

44 ニブリングツールは周辺に傷が付くため、ギリギリまで切らず、ヤスリで仕上げます。(見やすいため裏から作業)

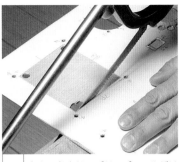

45 大きい角穴はニブリングツールだけではキツイので、四隅に刃が通る大きさの穴をあけ、鉄ノコで切ります。

46 1辺を切ったところです。鉄ノコは面倒でもいちいち刃を付け外ししてください。

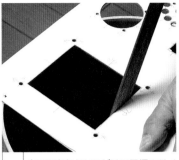

47 全ての穴をヤスリがけで目標のサイズまで削り、バリを丁寧に取って仕上げます。

48 リアパネル（フレーム）も同様な作業をしますが、固定の仕方に注意して作業してください。

49 穴あけが終わったら穴あけシートをはがし、シンナーやソルベントなどでスプレーのりの残りを拭き取ります。

COLUMN　デザイナーが使う道具

　私は本職が昔の手作業時代からのデザイナーですので、専門の道具をアンプ作りにも多数使用しています。現在はほとんどのデザイン会社がPCで作業しているため、これらの道具を持っていない場合も多いですが、私はアンプ作りのためにだけ今でも所有している、と言ったものです。

　これらの道具は一般の文具店には置いていませんが、専門の画材屋さんに行けば手に入ります。現在はネット販売もしていますので、予算が合えば手に入れておくと何かと役に立ちます。

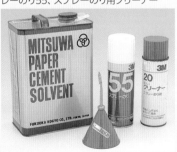

左からソルベント、ディスペンサー、スプレーのり55、スプレーのり用クリーナー

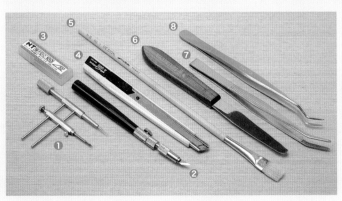

❶サークルカッター／穴あけシートの丸穴を切る時に使います
❷デザインナイフ／自在に曲線が切れます
❸デザインナイフ用替刃30度／45度もあります
❹NTカッター A-300／刃がブレないので業界の人は指名買いしています
❺面相筆／塗料はがしやトランスのコア部塗りに使います
❻パレットナイフ／塗料はがし時に使っています
❼ピンセット／狭い場所の配線時に使います
❽ピンセット／シール貼りなどで使います

製作編
組み立て・配線

サイドフレーム部品取付	➡P29
トップパネル部品取付	➡P31
トランスのリード線配線	➡P34
AC1次側配線	➡P36
LED基板作成	➡P37
ヒーター回路	➡P38
＋B電圧・アース・信号回路	➡P40
CR取り付け	➡P42
配線見直し・電圧チェック	➡P44

ここからはキット製品と同じ作業となりますが、自分でシャーシー加工をしているので、組み立ての理解は早いかと思います。

図の順番通りに組み立てていき、同じ番号のところはどこを先にしても構いません。

ビスが緩まないよう、可能な限りスプリングワッシャーは入れてください。

本機で使用したビスは必ずしもベストではなく、入手可能かどうかの経緯で少し短めのビスを選んでいるところもありますので、もう少し長めでも構いません。長い方が作業はしやすくなります。

組み立て・配線
パーツ組み立て

Beam Single
2A3 Single
Headphone
Point
Chassis Processing
Other Works
Professional Tool
Shop List

パーツの取り付けはある程度の優先順序があります。よく言われるのは軽いパーツから、ですが、四隅の工具が入りにくい部分でナットを廻さなければいけないパーツも先に取り付けます。

その他にもRCAジャックなどシャーシー内部でナットを廻さなければならないパーツは先に取り付け、バリオームやスイッチ類など、外でナットを廻せるものは後でも楽に取り付けできます。

ビスはパワー管のUS8Pソケット取り付け部とACインレットは皿ビス、M3（Φ3mmのビス）はナベビスを使います。M4はトランス類の足の穴が少々大きめですので、しっかり締められるよう頭の大きいバインドビスを使います。

必ずしも番号通りでなくても大丈夫ですが、やりやすくなるように順番を決めています。

本機の電源スイッチはスパナが入りますので、後ろ側から締め付けます。フロントパネルでの出っ張り調整ができ、傷も防止できます。

RCAピンジャックのアース側端子はハンダ付けし易い方向に出し、ピンを曲げて起こします。（写真は起こす前です）

シャーシーのミミが邪魔になってハンダ付けしにくいので、バリオームは軽く仮付けです。

電源スイッチは出っ張りすぎないように上手く調整してください。

トランス以外を全て取り付けたところです。

COLUMN スピーカー端子の色と左右配置

通常スピーカー端子はプラス側が赤、マイナス側を黒にしますが、複数のインピーダンス対応の出力を出す時は色を分けた方が使いやすくなります。

ただ、規格やメーカーでも決まった色がないため、私は覚えやすくするため抵抗のカラーコードと同じにしています。

0Ω=黒、4Ω=黄、8Ω=灰（がないので白）、16Ω=青（1の茶がないので6の青）で今まで統一していますが、もし6Ωも追加の時は変えないといけないですね。

後ろから見ると逆になりますので、あとで入れる文字表示は左が右、右が左になります。

RIGHT　LEFT　R　L

Scale＝45%

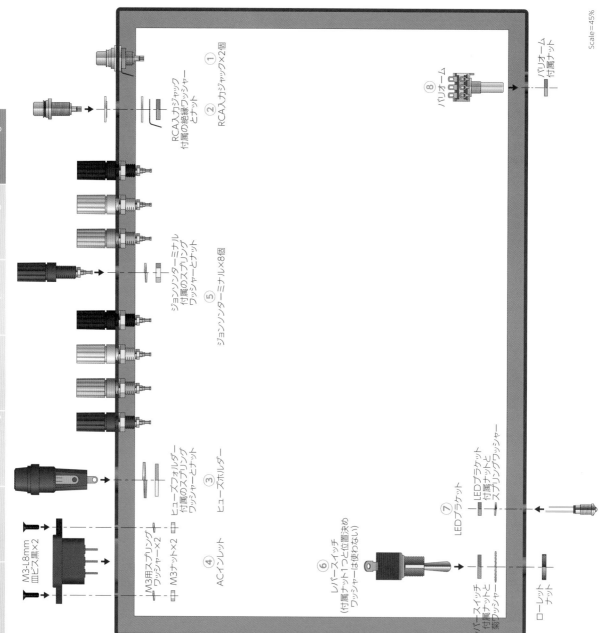

RCA入力ジャック
① RCA入力ジャック×2個
RCA入力ジャック
付属の絶縁ワッシャー
とナット

⑧ ボリューム

ボリューム
付属ナット

⑤ ジョンソンターミナル×8個

ジョンソンターミナル
付属のスプリング
ワッシャーとナット

⑦ LEDブラケット

LEDブラケット
付属ナットと
スプリングワッシャー

③ ヒューズホルダー

ヒューズホルダー
付属のスプリング
ワッシャーとナット

④ ACインレット

M3用スプリング
ワッシャー×2
M3ナット×2

M3-L8mm
皿ビス黒×2

⑥ レバースイッチ
（付属ナット1つと位置決め
ワッシャーは使わない）

レバースイッチ
付属ナットと
菊ワッシャー

ローレット
ナット

① ② RCA入力ジャックを取り付けます。隅の方①から取り付けた方がやりやすいでしょう。

③ ヒューズホルダーは付属のナットが大きく、しかもシャーシーの耳が邪魔になってメガネレンチやスパナが使えず、取り付けにくいので先にします。

　ディープソケットレンチやボックスレンチがあればベストですが、プライヤー等でも構いません。

　なおヒューズホルダーのナット径はメーカーや製造時期によって違い、17ミリのものと18ミリのものがあります。

④ ACインレットは外ビスですので後でも取り付けは楽です。

⑤ ジョンソンターミナル8個は隅の方から取り付けてください。樹脂パーツですので、力任せに締め付け過ぎると破損しますので注意してください。

Beam Single | 2A3 Single | Headphone | Paint | Chassis Processing | Other Work | Industrial Tool | Shop List

⑥ 電源スイッチ(レバースイッチ)は本機に限り先に取り付けます。内側から締め付けることができるためです。

スイッチに付属しているナット一つと位置決めワッシャーは使わず、見栄えを重視して別に買ったローレットナットを使います。スイッチによっては初めからローレットナットのものもあります。

⑦ LEDブラケットは後で基板をハンダ付けしますので、向き(極性)に注意してください。

LEDは必ずリードが長い方がプラス、短い方がマイナスです。

⑧ バリオームは外締めですので楽に取り付けできます。後でシールド線をハンダ付けする時に、シャーシーの耳が邪魔になるので、外して配線します。軽く仮締めにしてください。

ここからは図が次頁になります。

⑨ 樹脂ブッシュ(グロメット)5ヶ所は後でケーブルを通すので先に取り付けます。チョークコイル部分のみ少し小さいサイズです。

⑩ MT9Pソケット二つを取り付けます。ナベビス+スプリングワッシャー+ナットだけです。

⑪ US8Pソケットを三つ取り付けます。ほとんどラグ板も共締めします。ソケットの向きに注意してください。

⑫ 電流計2個を取り付けます。このメーターは出っ張り過ぎるので、スペーサーを入れて調整しています。見た目を気にするのもグレードアップのポイントです。

⑬ いよいよ重量物を取り付けます。まずは電源トランスです。スプリングワッシャーとナットはトランス付属のものを使います。

⑭ チョークコイルはリード線をブッシュに通して取り付けます。リード線は邪魔にならないよう小さくまとめておくと後作業が楽です。

⑮ 出力トランス2個を取り付けます。2次側のリード線がリアパネル側にくるよう、トランスの向きに注意してください。

⑯ シーソースイッチ(ロッカースイッチ)二つを取り付けます。はめ込むだけですので簡単ですが、何度もやり直すとツメが弱くなりますので注意してください。

・・・

全てのパーツを取り付けたら、フレームとトップパネルを重ねて取り付けます。

トランス類四つが付いており、相当な重量になっていますので、落とさないよう注意してください。

床に置いてやった方が落とさなくて安全にも思えますが、健康的には良くありませんので、机やテーブルの上で重ね作業をしてください。腰痛の原因になります。

・・・

組み立て作業が完了したら、先に文字シールを貼り、トランスやシャーシーにキズがつかないよう、ボール紙やダンボールなどを切って形を作り、養生してください。

ボリュームツマミはキズ付けないよう、完成しから取り付けます。

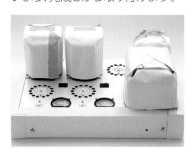

「文字シール作成」はP168をご覧ください

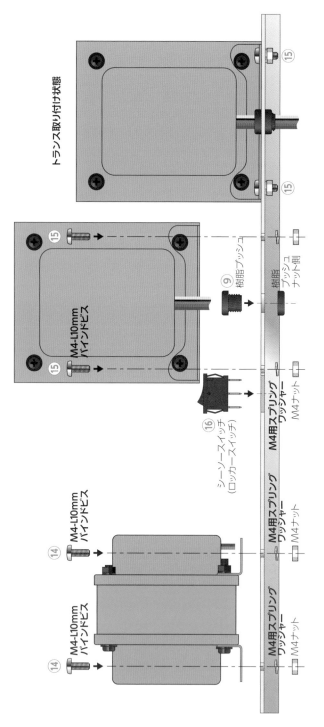

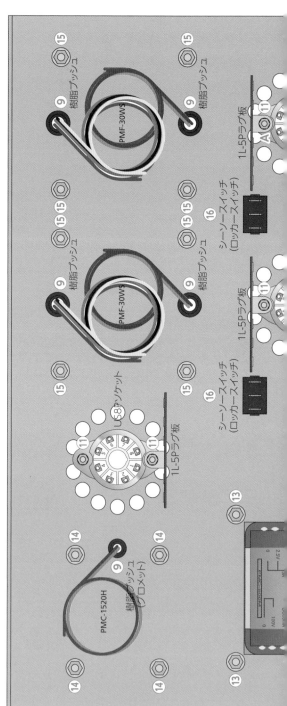

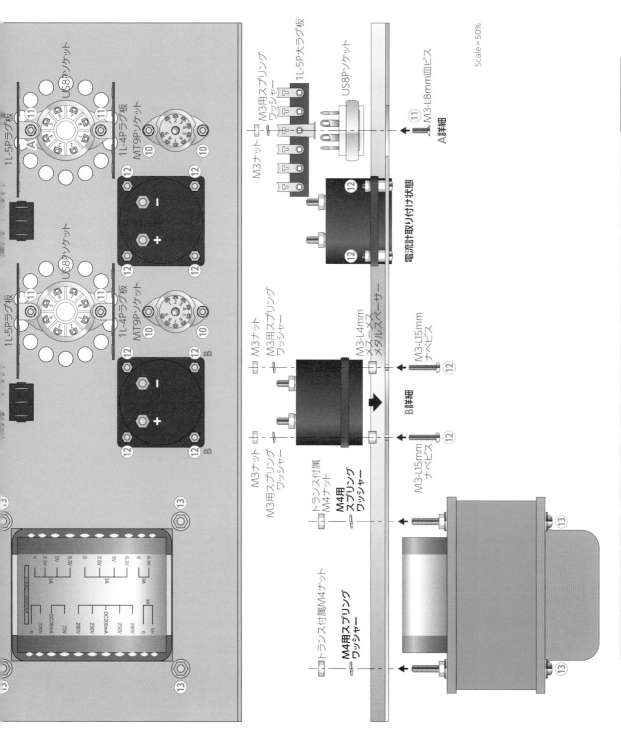

Scale＝50%

トランスのリード線処理

いよいよ配線作業に入ります。

配線順序

通常はAC1次側から配線しますが、リード線引き出し式のトランスを使う場合、作業の邪魔になるため、まずはトランスのリード線処理から始めます。

次にAC1次側、ヒーター回路を配線、そこまで出来たら一旦確認をした後、真空管を全て挿して点灯試験をします。こうすることでここまでは大丈夫と言うことになり、後でもしトラブルがあった時、原因が切り分けられて早く特定できます。

配線は図の順番通りにしていきます。同じ番号のところはどこを先にしても構いません。

ラグ板の配線

表示がない限り、ビニール線はラグ板の下の穴にハンダ付けしていきます。混み合うのを防止するためです。

線材の剥く量・線材の長さ

線を剥く長さは人によって異なり、一番個性がでる部分です。

本書では一例として表示しますので、自身のやりやすい長さに変更しても一向に構いません。

長めに剥いて配線箇所にしっかり巻き付ける方がやりやすく、早くできますが、修理などで外す時は面倒です。私は面倒でも短く剥いてメンテナンスしやすい方にしています。

ただ、ケースバイケースで、電源トランスの端子など、巻き付けないとやりにくい部分は長めに剥いて

います。本書では線の長さは剥く部分も含めた長さ(つまりニッパで最初に切る長さ)で表示しています。少し余裕を持った表示をしていますので、多少狂ってしまっても大丈夫です。

線材の色

線材の色は旧JIS規格に準拠させていますが、現在は決まっている訳ではありませんので、自分で解りやすい色に変更しても結構です。

トランスのリード線

リード線は最短距離で配線した方がノイズ面では良いのですが、後で改造やトランス流用をしたくなった時に困ることもあるので、本機では長めに切ってまとめる方法にしました。好みですので短く切っても構いません。

ビニール線の処理

❻ **緑10cm** と表示の場合、剥く部分も含めて10cm

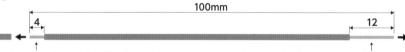

通常処理 (ラグ板の下穴など) :4mm剥く　　からげ処理 (パワートランスの端子など) :12mm剥く

① チョークコイルのリード線を処理します。赤5cmはチョークコイルのリード線を切った余りで配線します。ラグ板部分は下の穴に挿し、★部分以外は後で他の線も入れますので、まだハンダ付けはまだしません。

② 出力トランスの2次側を処理します。直接ハンダ付け

しても良いのですが、本機では圧着端子を別に買ってハンダ付けし(圧着はせず)、それをスピーカーターミナルにネジ留めしました。写真ではインピーダンス実験のため、紫と白も短く切って黄や灰と同じ長さにしていますが、通常は必要ないので、右頁図のように切らずにまとめる処理をしてください。

③ 1次側は赤と茶のみ処理し、ラグ板とUS8Pソケットに挿しておきます。橙は切らずにまるめておきます。

Scale＝54%

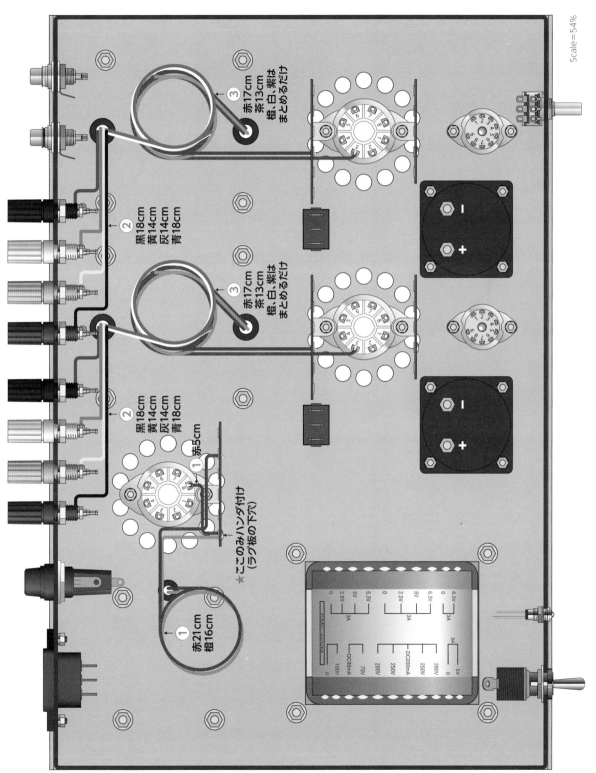

③
赤17cm
茶13cm
橙、白、紫は
まとめるだけ

②
黒18cm
黄14cm
灰14cm
青18cm

③
赤17cm
茶13cm
橙、白、紫は
まとめるだけ

②
黒18cm
黄14cm
灰14cm
青18cm

赤5cm

①

★ここのみハンダ付け
（ラグ板の下穴）

①
赤21cm
橙16cm

Beam Single

2A3 Single

Headphone

Point

Classic Processing

Other Work

Industrial Tool

Shop List

AC1次側配線

次にAC1次側を配線していきます。薄くなっている線は前頁で既に配線が終わっている部分です。

太さは0.5sq（AWG20）を使いましたが、0.3sq（AWG22）以上であれば大丈夫です。

④ 電源スイッチの端子もスピーカーターミナルと同様、線材をスパークキラーと共に圧着端子にハンダ付けし、M3-L8mmのビス＋スプリングワッシャー＋ナットで締め付けます。

スイッチによってはねじ留めできないものもあり、圧着端子が手に入らない場合もありますので、とくにこだわらず、直接ハンダ付けしても結構です。ただ電源スイッチやスピーカーターミナルのような出っ張ったパーツはぶつかった時の破損率が高いので、簡単に交換できるようにしておくと便利です。

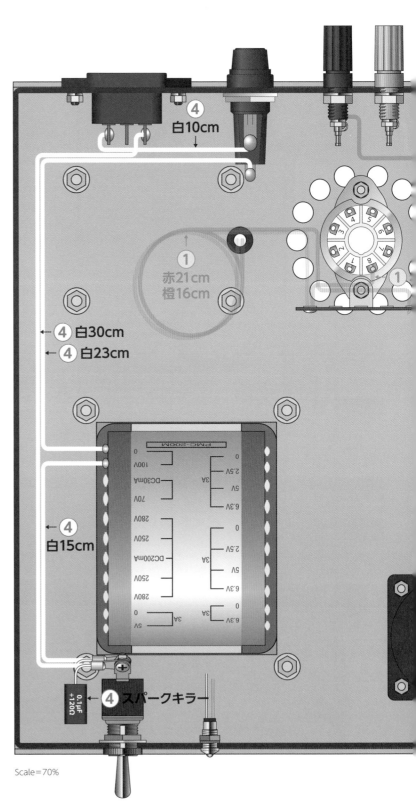

④ 白10cm

① 赤21cm　橙16cm

①

← ④ 白30cm
← ④ 白23cm

← ④ 白15cm

④ スパークキラー

0.1μF +120Ω

Scale＝70%

ヒーター回路と同時に配線しますので、先にLED基板を作っておきます。

LEDパイロットランプごときに大袈裟な···と思う方もいると思いますが、ちらつき防止のためにわざわざ直流・平滑化しています。

この小さなブリッジダイオードは50円位、ケミコンや抵抗も10〜20円程度ですので、基板を入れても大したコストにはならず、それでいてグレードは上がりますので、ぜひともオススメします。

本来LEDもダイオードの仲間ですので整流作用があり、片方にしか電流が流れませんが、逆耐電圧によるケミコンのパンク防止でブリッジダイオードを入れています。

ちらつき防止のためだけですので、ケミコンの容量も1μF/10V以上あれば充分で、現在ではむしろ小さい容量の方が入手困難ですので、こんなに大きなものを使っています。

ブリッジダイオードも含めて、もし手持ちに適当なものがあればそれで結構です。

抵抗値はLEDの色によっては少し増減して好みの明るさにしてください。(減らす→電流が増える→明るくなる)

LEDはブラケット入り、無しに関わらず、リードの長い方がアノード（プラス）、短い方がカソード（マイナス）です。

赤○部分にLEDのリード線部分を挿します。
（後でハンダ付けする部分）

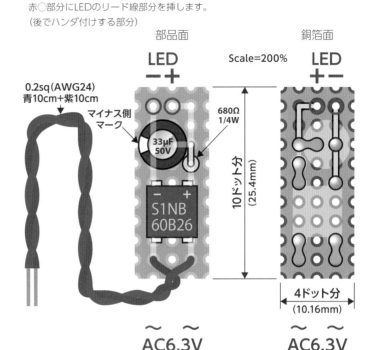

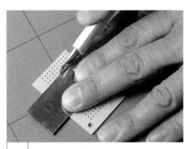

1 カッターで基板の表面に切れ目を入れます。

2 裏面も切れ目を入れます。但しカットするのはパーツ取り付け後です。

3 基板が小さいと作業しにくいため、ハンダ付けしてから基板を折ります。

4 完成したLED基板。軽いのでLEDに差し込んでハンダ付けすればOK。

注：写真は手持ち基板のパターンの関係で図とは違う部分からリード線を出しています。実際には図の通りにハンダ付けしてください。

Beam Single

2A3 Single

Headphone

Paint

Chassis Processing

Other Work

Industrial Tool

Shop List

ヒーター回路を配線します。解りやすくするために図では片方を紫にしていますが、実際は青線で配線します。

ヒーター配線は2本の線を撚って（ひねって）誘導ノイズを拾わないようにします。真空管時代の技術ですが、現在でもツイストペアと言い、LANケーブルなど色々なところで使われています。撚るとだいたい15cmあたり1cmほど短くなります。本書では全て**撚る前の長さ**で表示しています。

ヒーターは大電流を扱うので、太さは全て0.5sq（AWG20）を使いましたが、0.3sq（AWG22）以上であればOKです。

⑤ 整流管へのヒーター回路を配線します。34cm＋33cmに切った線材を撚るとだい

たい32cm＋31cmになります。

⑥ パワー管へのヒーター回路を配線します。この時アースに落とす配線（黒）も同時に用意してハンダ付けします。黒線のラグ板側は他のアース部と一緒に後でハンダ付けします。

⑦ 前頁で用意したLED基板をLEDのリードに挿し、ハンダ付けします。LEDのリードは長すぎるので短く切ります。

⑧ ドライバー管（MT9Pソケット）への配線をします。電源トランスの同じ巻線から並列接続しますので、線材は一旦手前のソケットで切り、さらに奥のソケットまでは別に用意して一緒にハンダ付けします。

MT9Pソケットの4番と5番ピンはつなげますので、配線のついでに線材でショートするか、抵抗等のリード線の余りでショートしてください。

電源トランス側はLED基板への配線も同時にハンダ付けします。

LEDに基板を差し込んでハンダ付けします。挿し込む位置（極性）に注意してください。

ヒーターチェック

ここまで配線ができたら一旦作業を止めヒーターチェックをします。電源を入れる前にまず配線に間違いがないか良く確認します。

間違いがなければ真空管を全て挿し、2Aのヒューズを入れます。

電源をオンにし、全ての真空管のヒーターが点灯するか確認をしてください。本機で使用の真空管は全てヒーターが明るい方ですが、念のため部屋を暗くして確認する方が良いでしょう。

シールド線処理のしかた（次頁で配線）

① 外被を16mm剥く

16mm

② シールド網線をほぐして撚る

③ 芯線を3mm剥く
3　13mm

④ 熱収縮チューブφ2mmを12mmに切って
シールド網線に被せて熱収縮（P166）させる

12mm

⑤ 熱収縮チューブφ4mmを6mmに切って
芯線・シールド網線ともに被せて熱収縮させる

6

Scale＝54%

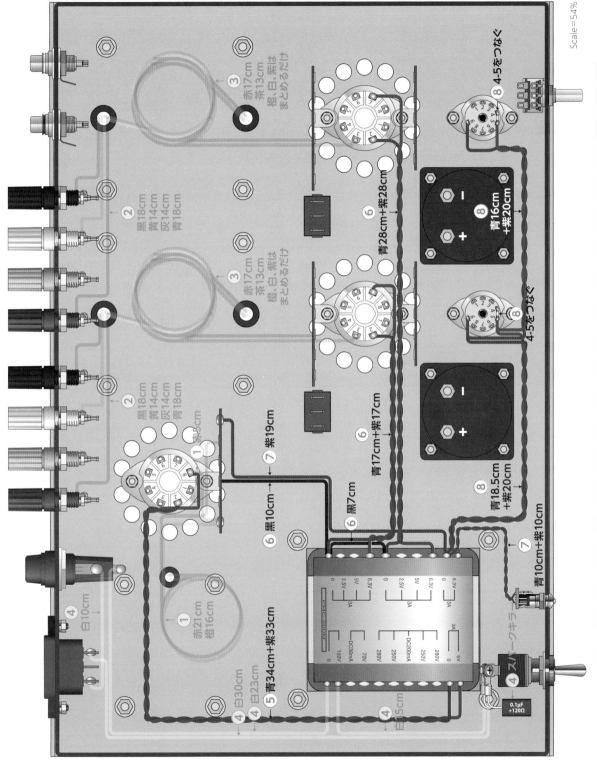

Scale＝54%

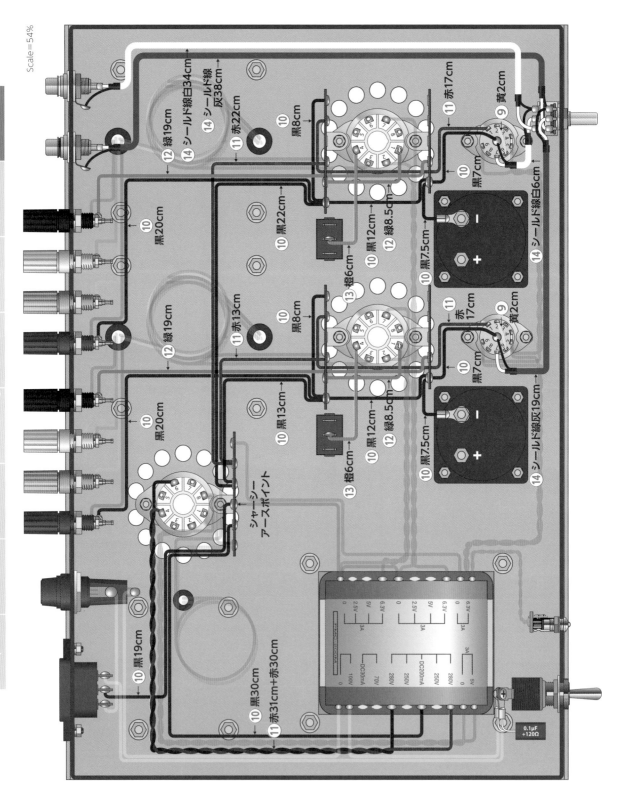

残り全ての配線をしていきます。⑨以外はそれほど順序にこだわらなくても大丈夫です。赤と黒は0.5sq(AWG20)の線材を使っていますが、0.3sq(AWG22)以上の太さであればOKです。

⑨ MT9Pの2番と6番ピンの間を出力トランスのリード線の余り(黄)で配線します。ここはパーツが付くとハンダ付けしにくくなるので、優先してください。2番ピンだけハンダ付けしておき、6番ピン側は後で抵抗と一緒にハンダ付けします。

⑩ アース回路全般を黒で配線していきます。

ラグ板への配線はほとんど下穴に行いますが、大ラグ板で2本、無理してもせいぜい3本しかビニール線が入らないため、一部はラグ板の反対側にハンダ付けします。

また、整流管ソケットのラグ板で隣同士が両方アースの部分はビニール線を使わず、後でケミコンのリード線を折り曲げてアース配線します。

わざわざこのようにした理由は二つあり、一つはラグ番の下穴が混み合うため、もう一つは、もし電圧調整の必要が出てきた場合、ここを切って抵抗を取り付けられるようにしたためです。

スピーカーの黒ターミナル部分は出力トランスとは別の圧着端子にハンダ付けし、ねじ止めします。

つまり黒のターミナルには二つの圧着端子がねじ止めされることになります。

⑪ ＋B電圧回路全般を赤で配線します。電源トランスから整流管への配線部分のみ交流ですので、念のため撚ってツイストペアにしました。測定してみたところ、ノイズ電圧はほとんど変わりませんでしたので、撚らなくても大丈夫です。解りやすくするため、片方を濃赤で表示していますが、実際には赤で配線します。

⑫ カソード部分を緑で配線します。電流が少ないので0.3sq(AWG22)で大丈夫です。こちらもNFB用に青のスピーカーターミナルへ配線しますが、圧着端子を別に使い、ねじ止めにします。

ここをねじ止めにすると便利で、NFBを外して動作確認したり測定したりできます。パワー管のUS8Pソケットの1番ピンは後で8番ピン、抵抗と一緒にハンダ付けします。

⑬ スクリーングリッドの配線をチョークコイルのリード線を切った余り(橙)でします。シーソースイッチは樹脂製で熱に大変弱いので、ハンダ付けは素早くするように注意してください。

もし自信がないようでしたら、カー用品店で売っているクルマ用の平型端子を入手して使っても良いです。

⑭ シールド線を配線します。シールド線の処理の仕方はP38をご覧ください。

本機はシールド部分もマイナス側の線(アース線)として利用していますので、シールド線の両端とも同じ処理の仕方をします。

こちらもRCA入力プラグに白い樹脂製の絶縁ワッシャーを使っていますので、あまり長い間ハンダごてをあてないように注意してください。

バリオームはシャーシーの折り返しが邪魔でハンダ付けしにくいと思います。仮留めにしているはずですので、一旦外してハンダ付けしてください。

ここまで終わりましたら、良くチェックしてください。この後、CR類を取り付けると見にくくなります。

OKでしたら結束バンドでまとめていきます。

白い樹脂ワッシャーが熱に弱いのでハンダ付けは手早くしてください。

シャーシーのミミが邪魔になるので、仮付けバリオームは一旦外してハンダ付けします。

いよいよCR（コンデンサー・抵抗）類を取り付けていきます。

右図のように取り付けますが、絵が重なっている部分はCR類のリード線を折り曲げて、立体的に取り付けます。パーツはどこから始めても構いませんが下になっているパーツから取り付けると良いでしょう。ポイントは下記番号のところです。

⑮ 33μF-450Vのケミコンのリード線を折り曲げてラグ板の右隣までつなぎます。

⑯ 100μF-400Vのケミコン一つのリード線を折り曲げてラグ板の左隣までつなぎます。また、ここは100μF-400Vを二つ同じ端子から2階建てで並列接続します。

これは現在の規格で高圧大容量のケミコンが入手できないためです。もし400V以上で220μF以上のものが手に入れば一つで済みます。

⑰ セメント抵抗のリード線を長めに利用してUS8Pソケットの1番と8番ピンを接続します。真空管を挿した時、ピンに余計な力が掛からないよう、少し折り曲げてクッション性を持たせます。

⑱ 100kΩ-2Wの抵抗のリード線を折り曲げて隣の端子までつなげます。

最後にボリュームツマミを取り付けて製作作業は完了です。

立体的に配線します。リード線をしっかり折り曲げてショートしないようにします。

電源部の100μF-400Vは2階建てにしています。同じ端子に並列接続です。

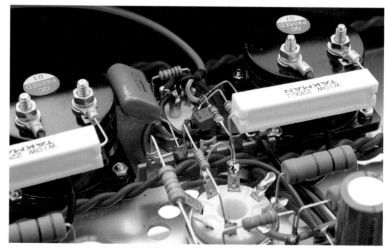

小さな赤いフィルムコンデンサーはリード線が短いため、抵抗の根元両側に直接ハンダ付けしています。

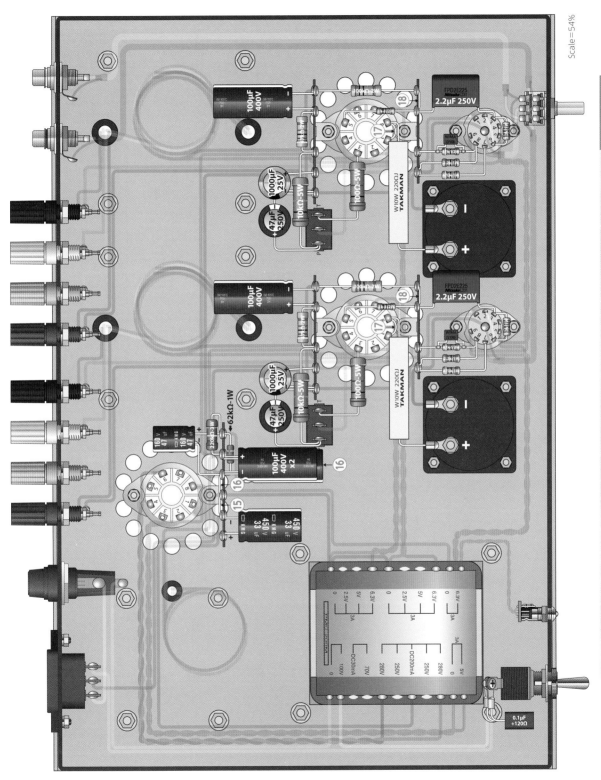

Scale＝54%

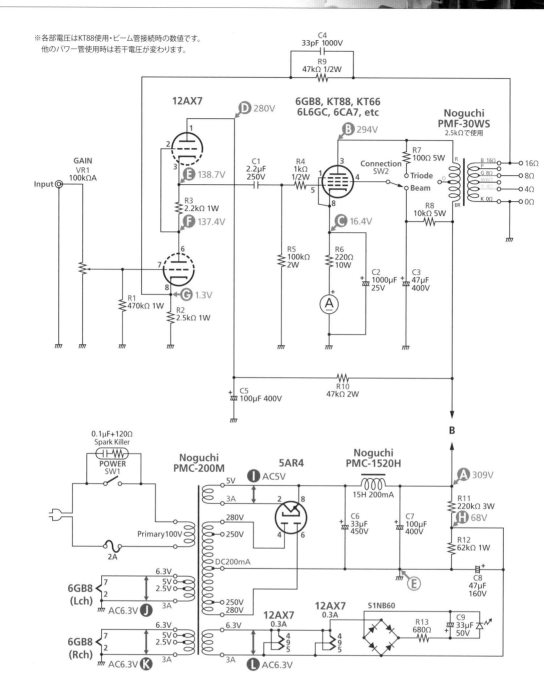

※各部電圧はKT88使用・ビーム管接続時の数値です。
　他のパワー管使用時は若干電圧が変わります。

　本機はセルフバイアスのシングルアンプですので調整箇所はありませんが、テスターを使って正常動作しているか確認だけはしましょう。

　全ての真空管を挿し、スイッチはビーム管接続側にし、シャーシーをひっくり返して電圧を確認します。

　高圧部分の測定をしますので、手袋をするとベターです。

　また、初回電源投入時は部屋を明るく、静かにしてください。

　用意できましたらヒューズを入れ、電源をオンにします。

　この瞬間が一番ドキドキする時です。

　15秒位で所定の電圧になりますので、変な音やニオイがしないか、煙が上がってこないかなどを目と耳と鼻を使って注意深くチェックします。

　もしヒューズが切れる、煙が上がったなど、問題がある場合はす

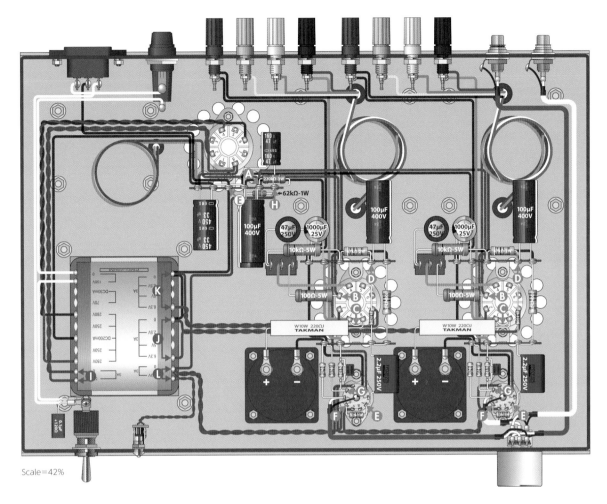

Scale=42%

Beam Single

2A3 Single

Headphone

Paint

Chassis Processing

Other Work

Industrial Tool

Shop List

ぐに電源を切り、**数分おいて電解コンデンサーが放電してから**間違いがないかチェックをします。

AC1次側とヒーター配線は以前にチェックして問題がないことが解っていますので、まずは高圧部分からチェックしていきます。

Ⓐなどの緑色箇所のチェックは全てテスターをDCレンジにし、テスター棒のマイナスをⒺ部分に当ててプラス側各部をチェックします。

線が繋がっていれば他の箇所でテストしても良いのですが、一応、テスター棒が滑らないなど、安全性の高そうなポイントを指示しています。

とくにトランスや真空管ソケットの端子は滑りやすいので、間違ってショートしないよう気をつけてください。

Ⓑ～Ⓖは左右チャンネル別々にありますので両方とも測定してください。

測定結果は回路図表記の±10%以内に入っていればOKです。

管球アンプは真空管のエミッション（電子放出量→消耗度）で電圧も変わりますので、神経質にピッタリ合わなくてもOKです。

もし大きく違うようでしたらどこかに間違いがあります。トラブ

ルシューティング（P170）をご覧ください。

フィラメント・ヒーターの電圧測定はテスターにACレンジがあり、真の実効値に対応している必要がありますので、お持ちの方はⒾⒿ ⓀⓁの矢印両端にテスター棒をあてて測定してください。

電圧チェックが全て終わりましたら一旦電源を切り、底板を取り付け、使用状態にします。

これで全作業終了です。長い間お疲れさまでした。

本機はほとんどのパワー管を無理なく動作させているため、特性的には「ほどほど」となっています。

中でも歪率は専用設計されたアンプより多少不利な数値ですが、パワー管の個性が出て面白く、過不足ないパワーと入力感度で使いやすいアンプとなりました。

周波数特性やダンピングファクターはパワー管にもよりますが、シングルアンプにしては優れた結果になっています。

KT150の3結特性だけは本機の許容電流をオーバーしますので、常用はできず全て参考値です。なお、所有球のみの測定ですので、使用可能な全パワー管の結果ではないことをお断りしておきます。

入出力特性

図1は代表的な特性としてKT88の入出力を表示しています。クリッピングポイントは0.9V入力時にビーム管接続時で約10W、3極管接続時に約4.2Wとなりました。

図2は色々なパワー管を挿し替えて計測したものです。ビーム管接続時はほぼ同じような入出力ですが、3極管接続では少しバラてけきます。本機の動作電圧では6GB8や6CA7が効率良いようです。ハイパワー管=ハイパワーにはならず、同じ動作電圧でしたらこのようになるのが普通です。

周波数特性

こちらも6GB8や6CA7、KT88などのビンテージ管が広帯域で良

図1・入出力特性（KT88）

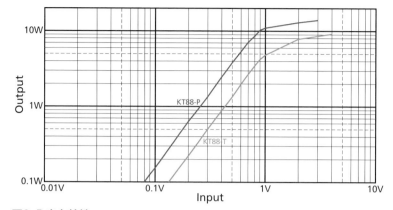

図2・入出力特性

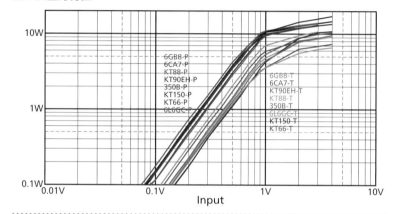

図3・ビーム管接続 周波数特性

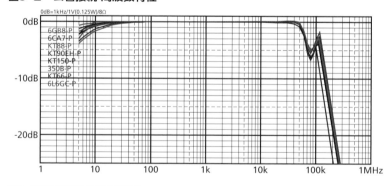

図4・3極管接続 周波数特性

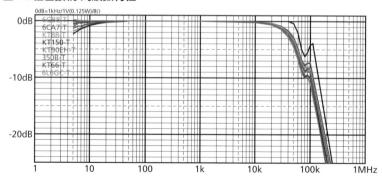

図5・KT88 歪率特性

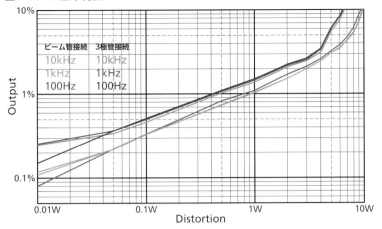

図6・ビーム管接続 歪率特性

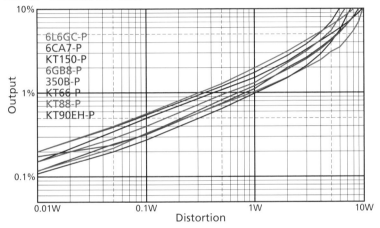

図7・3極管接続 歪率特性

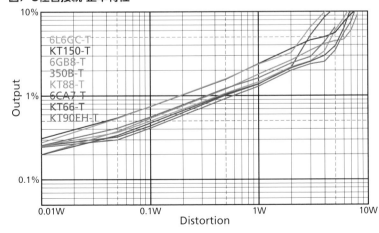

い結果になりました。118kHz付近にピークがありますが、個性を殺さないよう位相補正は最小限にしています。補正をしないと3極管接続時に+2dBほどピークが強調されてしまいました。

　KT150の3結（参考値）特性だけ高域が抜群に伸びています。

歪率特性

　全てを表示すると膨大なグラフになるので、代表としてKT88の周波数別特性を図5に、各パワー管の1kHz時のビーム管接続時を図6、3極管接続時を図7に表示しました。

　歪率はバラけて各パワー管の個性が出て一番面白いかも知れません。両接続時も6L6GCは歪が多く、KT90EHが一番歪が少なく、2倍の差がありました。

　特筆に価するのが6CA7です。5極管接続では歪が多めなのに3結にするとグッと低くなります。

　KT150は余裕があるため3結（参考値）時にクリップせず、グラフの右側が他管より寝ています。6GB8も同様の傾向がありました。その逆に6L6GCとKT66などプレート損失の小さい球は早く立ち上がって歪が増えています。（3結の方が歪が多いのは次頁説明）

その他

　ダンピングファクターはビーム管時で1.8〜2.8、3結時で3〜5、残留雑音はビーム管時で0.1〜0.4mV、3結時で0.4〜1mVでした。

Beam Single | 2A3 Single | Headphone | Paint | Chassis Processing | Other Work | Industrial Tool | Shop List

まず回路を決める前にシングルにするかプッシュプル構成にするかを検討しました。

真空管時代後期のビーム管はほとんどがプッシュプルで使うことを前提に設計されているため、プッシュプル時に低歪み、広帯域、高出力などの最適条件になります。

しかし本機では部品箱にある1本だけしかないパワー管が使えるなど、真空管をムダにせず、どんな場合でも使えるように、不利を承知であえてシングル構成としました。

バイアス方式も固定バイアスとしてバイアス電圧を調整できるようにした方が効率良く、色々なパワー管の最適条件に合わせることができますが、本機ではシンプル・無調整・間違い防止で気楽に使えることを最優先に考えましたので自己バイアスとしました。

使用できるパワー管の線引きですが、本機ではプレート損失20〜25W、スクリーングリッド損失1〜3Wで使うことを前提としましたので、パワー管の規格がこれ以上で、なおかつピンアサインが同じなら挿し替えができます。

最低ラインは6L6GC、6CA7/EL34、KT66、KT77、350Bあたりで、KT120やKT150では少々もったいない使い方になります。

使えないのは6F6や6V6系などのプレート損失が15Wを下回るもの、最大プレート電圧とスクリーングリッド電圧が300Vより小さいもの、7027、7591などソケットのピン接続が違うものです。

但しピン接続が違うものはソケットアダプターを作るなどをして使うことはできます。

また、KT150だけは3結時にプレート+スクリーングリッド電流が100mAを超えるため、球には余裕がありますが電源トランスのB電流定格容量をオーバーするため、3結使用不可としています。

電流計を内蔵しましたので、仮に不良球などを挿してもフルスケールの100mAを超えるようなら使用不可と判断できます。

ここはサイズやコスト重視でこのようになりましたが、電源トランスをPMC-283Mに変更すれば、このような制限は撤廃できます。（後に当時のメーカー発表が間違っていることが判明したため本機ではPMC-200Mを使用）

色々なパワー管を挿し替えるだけでもパワー管の個性を楽しめますが、本機ではさらにビーム管接続（5極管接続）と3極管接続をスイッチで切り替え、さらに個性を楽しめるようにしました。

ここまで贅沢な構成にすると実は設計が大変困難を極めましたが、結果だけ解って頂ければ結構ですので、特徴だけ記しておきます。

ビーム管接続（5極管接続・5極管結合とも言う＝以下5結と記します）と3極管接続（3極管結合とも言う＝以下3結と記します）では動作が大きく変わるため、片方に動作に特性を合わせると、もう片方の特性が大幅に悪化します。

整流管の規格（コンデンサーインプットのみ）

球　名	5AR4		5G-K22		
接続図	2P④ ⑥1P H② ① ⑧ IC H,K		2P④ ⑥1P H② ① ⑧ NC H,K		
ヒーター電圧/電流	5V/1.9A		5V/3A		
最大定格	設計最大		設計中心		
尖頭耐逆電圧	1700V		1550V		
尖頭プレート電流	825mA		1000mA		
入力コンデンサー	60µF		40µF		
代表動作例（各プレートごと）	コンデンサー入力		コンデンサー入力		
交流プレート供給電圧	450V	550V	300V	450V	550V
入力コンデンサー	60µF	60µF	40µF	40µF	40µF
実行プレートインピーダンス	160Ω	200Ω	31Ω	67Ω	97Ω
直流出力電流	225mA	160mA	300mA	275mA	162mA
直流出力電圧	475V	620V	295V	470V	650V

Beam Single

2A3 Single

Headphone

Point

Classic Processing

Other Work

Industrial Tool

Shop List

当初はある程度のパワーが欲しくて5結をメインで定数を決めて設計したため、3結時の特性が大幅に悪化していました。

これはバイアス等他の条件を変えずに5結／3結を切り替えているため、3結時はゲイン低下によりNFB量が減るためで、とくに歪率の悪化が顕著でした。

そこで3結時に歪みの打ち消し量が増えるよう、わざわざドライバー段のバイアスを変更して歪率をワザと悪化させたり、NFB量や方式を変えるなど、カットアンドトライをしながら試聴と測定を繰り返しましたが、あまりやり過ぎるとパワー管の個性を殺してしまうため、3結に忖度することをやめました。

世間一般では3結は低歪みで音が良いと言うことになっていますが、本機ではパワー、歪率に限って言えば5結の方が若干良くなっています。単純に5結／3結切り替えた場合は、本機のようになる方が本来の姿だと割り切って頂ければと思います。

このことはドライバー段にSRPP（シャントレギュレーテッドプッシュプル）を採用したため、と言うことも5結／3結の逆転現象に関係していますが、SRPPは低インピーダンス出力で周波数特性やダンピングファクター向上などの多くの利点があるため採用しました。

電源回路はシンプルな整流管整流、コンデンサーインプット、π型フィルターによる構成です。

整流管は5AR4の他に5G-K22が使えます。5U4系、5R4系も同じピンアサインですが、直熱管タイプは出力電圧が低下しますので出力も低下します。それ以前に規格がコンデンサーインプットの許容量をオーバーしますので、寿命の観点から本機では使用不可としています。

パイロットランプのLEDはわざわざチラつき防止のためだけにブリッジ整流で直流点火しています。

このようにしてもコストはわずか100円程度ですので、ムダにはなりません。

全体的にスペックに欲張らず、気軽に挿し替えられるアンプとしたことで、大変作りやすく、使いやすく、音も楽しめるパワーアンプとなりました。

本機の定格（KT88使用時）

定格出力	10W+10W（ビーム管接続）　4W+4W（3極管接続）
最大出力	14W+14W（ビーム管接続）　9W+9W（3極管接続）
出力インピーダンス	4Ω、8Ω、16Ω
入力感度	0.9V（定格出力時）
入力インピーダンス	82kΩ
ゲイン	21dB
周波数特性(at-1dB)	8Hz〜55kHz（ビーム管接続）5Hz〜30kHz（3極管接続）
歪　率(at-1kHz)	1.05% at1W、0.12% at10mW（ビーム管接続）
	1.52% at1W、0.26% at10mW（3極管接続）
ダンピングファクター	3.0（ビーム管接続）、4.3（3極管接続）（可聴帯域平均）
チャンネルセパレーション	L→R：66.6dB、R→L：70.5dB（ビーム管接続 at1kHz）
	L→R：65.5dB、R→L：67.3dB（3極管接続 at1kHz）
残留雑音	0.13mV（ビーム管接続）、0.83mV（3極管接続）
消費電力	112W
最大外形寸法	W370×D296×H173mm
重　量	14.1kg

電圧増幅管の規格

球　名	12AX7/ECC83	
接続図	H H 1P / 2K 1G / 2G 1K / 2P HCT	
ヒーター電圧/電流	6.3V/0.3A 12.6V/0.15A	
最大定格	設計中心	
プレート電圧	300V	
グリッド電圧	-50V	
プレート損失	1W	
カソード電流	8mA	
グリッド抵抗	2MΩ	
ヒーター・カソード間耐圧	180V	
代表動作例 A1級シングル		
プレート電圧	100V	250V
プレート電流	0.5mA	1.2mA
第1グリッド電圧	-1.0V	-2.0V
カソード抵抗	2kΩ	1.67kΩ
総合コンダクタンス	1.25mS	1.6mS
プレート内部抵抗	80kΩ	62.5kΩ
増幅率	100	100

パワー管の規格

球　名	KT-66	KT-77	KT-88	KT-90EH	KT-99	KT-120	KT-150
接続図	(IC K,G3)	(NC K,G3)	(S K,G3)	(NC K,G3)	(NC K,G3)	(S K,G3)	(S K,G3)
ヒーター電流	1.3A	1.4A	1.6A	1.6A	1.6A	1.7～1.95A	1.75～2A
最大定格	設計中心	設計中心	設計中心	絶対最大	設計最大		
プレート電圧	500V	800V	800V	750V	750V	850V	850V
プレート損失	25W	25W	35W	50W	50W	60W	70W
第2グリッド電圧	500V	600V	600V	650V	650V	650V	650V
第2グリッド損失	3.5W	3W	6W	8W	8W	8W	9W
カソード電流	---	180mA	230mA	230mA	230mA	250mA	275mA
グリッド抵抗（固定バイアス）	100kΩ	250kΩ	220kΩ	---	50kΩ	51kΩ	51kΩ
グリッド抵抗（自己バイアス）	500kΩ	500kΩ	470kΩ	---	250kΩ	240kΩ	240kΩ
ヒーター・カソード間耐圧	150V	150V	150V	300V	300V	200V	300V
代表動作例 A1級シングル							
プレート電圧	250V	250V	250V	400V	400V	400V	400V
プレート電流	---	110mA	140mA	90mA	90mA	135～165mA	---
第2グリッド電圧	250V	250V	250V	300V	300V	225V	225V
第2グリッド電流	---	10mA	3mA	4.7mA	4.7mA	14mA	---
第1グリッド電圧	-15V	---	-15V	-42V	-27V	-14V	-14V
カソード抵抗	106Ω	---	---	---	---	---	---
総合コンダクタンス	7.0mS	10.5mS	11.5mS	8.8mS	8.8mS	12.5mS	12.6mS
プレート内部抵抗	22.5kΩ	23kΩ	12kΩ	25kΩ	22kΩ	---	---
負荷抵抗	---	---	---	---	3kΩ	3kΩ	3kΩ
出　力	---	---	---	---	22W	20W	20W
歪　率	---	---	---	---	---	14%	14%

●ヒーター電圧は全て6.3Vです。
●代表動作例はビーム管（5極管）接続時の数値です。
●メーカーにより発表規格が違う場合は小さい方の電圧・電流値を掲載しています。例えば6CA7の最大第2グリッド電圧はテレフンケン発表値は425Vですが、松下電器発表値は500Vです。また、6550の最大規格はTung-Solの発表値はRCAの約1.1倍の数値です。
●プレート電流と第2グリッド電流が範囲で示されている場合は、ゼロ信号時～最大信号入力時の電流です。
●KT-88、KT-120、★KT-150、6550の1番ピンのSはベースシェルに接続されています。（★規格表と違います）
●KT-90EHの6番ピンは規格表ではNCですが、実物はピンがありませんのでNPです。

6L6GC	350B	EL34/6CA7	5881	6550	8417	6GB8	球　名
(接続図)	(接続図)	(接続図)	(接続図)	(接続図)	(接続図)	(接続図)	接続図
0.9A	1.6A	1.5A	0.9A	1.6A	1.6A	1.5A	ヒーター電流
設計最大	設計中心	設計中心	設計中心	設計中心	設計最大	設計中心	最大定格
500V	360V	800V	400V	600V	660V	500V	プレート電圧
30W	27W	25W	23W	35W	35W	35W	プレート損失
450V	270V	425V(TFK)	400V	400V	500V	400V	第2グリッド電圧
5W	4W	8W	3W	6W	5W	10W	第2グリッド損失
---	---	---	---	175mA	200mA	200mA	カソード電流
---	100kΩ	---	100kΩ	50kΩ	100kΩ	500kΩ	グリッド抵抗(固定バイアス)
---	500kΩ	---	500kΩ	250kΩ	250kΩ	700kΩ	グリッド抵抗(自己バイアス)
200V	---	100V	200V	100V	---	100V	ヒーター・カソード間耐圧
							代表動作例 A1級シングル
250V	250V	250V	350V	400V	300V	250V	プレート電圧
72～79mA	93～97mA	100mA	53～65mA	87～105mA	100mA	151mA	プレート電流
250V	250V	250V	250V	225V	300V	250V	第2グリッド電圧
5～7.3mA	6～15mA	15mA	2.5～8.5mA	4～18mA	5.5mA	28mA	第2グリッド電流
-14V	-14V	-12.2V	-18V	-16.5V	-12V	-8V	第1グリッド電圧
410Ω	---	---	---	---	---	57Ω	カソード抵抗
6mS	8.3mS	---	5.2mS	9mS	23mS	20mS	総合コンダクタンス
22.5kΩ	37.5kΩ	15kΩ	48kΩ	27kΩ	16kΩ	15kΩ	プレート内部抵抗
2.5kΩ	2kΩ	2kΩ	4.2kΩ	3kΩ	---	1.6kΩ	負荷抵抗
6.5W	10.5W	11W	11.3W	20W	---	15W	出　力
10%	11%	10%	13%	13.5%	---	9.5%	歪　率

Beam Single
2A3 Single
Headphone
Paint
Chassis Processing
Other Work
Industrial Tool
Shop list

2A3
Single Stereo
Amplifier

- ●オール3極管シングル・無帰還
- ●通常のローゲイン・リア入力とスマートフォン
  対応のハイゲイン・フロント入力の2系統
- ●全段ローインピーダンス出力構成により
  ハイレゾ対応
- ●300Bへの改造可

加工難易度：★★★
組立難易度：★★☆
配線難易度：★★★

真空管アンプ、中でも直熱3極管アンプは昔から音が良いと言われており、今でも根強い人気があります。

KT-88や6CA7(EL34)などの多極管にも名パワー管は数多くありますが、3極管接続（3極管結合→通称3結）として使うケースも多くあります。

これは純3極管と言える真空管は種類が少なく、そして高価なために工夫して使っている、と言えます。

本機は純3極管の中でも希少なビンテージ管からパワーアップした現代管まで種類の豊富な2A3を使ったステレオパワーアンプです。

基本とも言える無帰還（No-NFB）でも音の良いアンプができるのが2A3の特徴です。

現在ではRCAから2A3がデビューした1933年よりスピーカーなどの周辺環境、回路技術、部品なども大きく進化していますので、基本構成は同じでも現代のエッセンスを取り入れてあります。

・・・

レイアウトはオーソドックスな球見せトランス背後タイプです。古典管の場合、あまり奇をてらったデザインにするより少しでもレトロな雰囲気を残した方が飽きが来ません。

なるべく彩度の高い純色は避け、主役の真空管が映えるようにしました。

ビーム管挿し替えアンプではパイロットランプにLEDを使っていましたが、本機では少しレトロな感じにしたいため、ネオンランプを使っています。

LEDにしたい時はネオンを撤去し、ビーム管挿し替えアンプと同じように電源トランスのヒーター巻線に保護抵抗とLEDをつなげてください。

詳しいことはあとで説明するとして、まずは作ってみてはいかがですか。

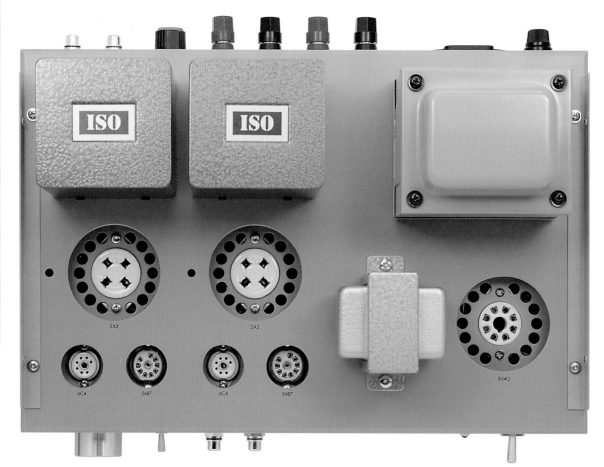

注：電源トランスは春日無線特注品がついています（後述）

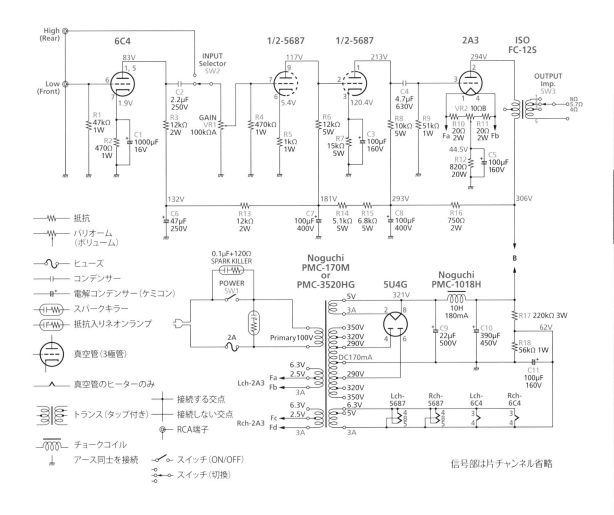

回路図の見方とポイント

　傍熱管（6C4と5687）のヒーター部は他の電極から切り離して別に表示、アース記号の表示もビーム管挿し替えアンプと同じです。

　直熱管（2A3と5U4G）はヒーターではなくフィラメントと言い、直接信号も通しますので、回路図では丸から外に出さず、ちゃんと中に表示します。

　ネオンランプとスパークキラーの記号は良く似ていますが、ネオンランプはコンデンサーと同じ記号に小さな丸い点が付いています。

　5687は1本のガラスバルブの中に二つのまったく同じ規格のユニットが入った複合管ですので、1/2-5687として丸の半分を点線表示しています。

　このような複合管はピン番号の小さい方がユニット2、ピン番号の大きい方がユニット1と規定していることが多く、真空管によってはユニット1を電位の小さい方に使うよう規定している場合があります。

　整流管は高圧出力を2番ピンと8番ピンのどちらから取り出しても正常に動作しますが、傍熱整流管の場合はカソードが8番ピンに接続されているため、2番ピンから取り出すと高圧が重畳されてヒーターが切れやすくなる場合があります。

　本機は複合管のユニット規定、整流管の高圧出力の両方とも規定通りでなくても大丈夫ですが、クセは付けておいた方が良いでしょう。

Beam Single

2A3 Single

Headphone

Paint

Chassis Processing

Other Work

Industrial Tool

Shop List

部品全体の中で真空管、中でもパワー管（出力管）が一番アンプを作る動機になるものです。2A3が気に入ったから、持っているから、などの理由になりますので、気に入ったメーカーのものをお使いください。

真空管ほどまったく同じメーカーのものが手に入りにくいものはありません。価格もピンからキリまでです。

2A3は全世界で作られた名球ですので、メーカーを選ばなければ入手は容易です。共産圏のものでしたら現行品で入手し易く、数千円で手に入ります。

オリジナルのビンテージ品、中でもRCAの1枚プレートのものは現存数が圧倒的に少なく、状態の良いものは数万円と相当高価です。

もし、こだわりのメーカーがある場合は頑張って探してください。幻の名球を探すのも楽しみのひとつです。2本必要です。

本機では手持ち品の中から1970年代に出回っていたマルコニー製の2枚プレートのものを使いました。

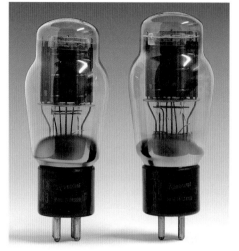

主役の **2A3**。マルコニー製1970年代の軍用管。当時の真空管は写真のように高さがまちまちなど、性能に関係ない作りはこだわっていませんので、とくにビンテージ管は大目に見てください。

整流管は **5U4G** を使用。こちらも JAN が頭に付いた RCA 製の軍用管。他に GT 管の **5U4GB** も使用できます。

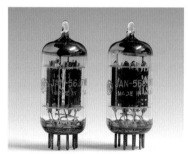

6C4 はレイセオン製を使用。2本必要。有名な **12AU7**（欧州名 **ECC82**）は **6C4** が2本入ったものですので、知識のある方でしたら、2本の **6C4** を **12AU7** を1本で代用することも可能です。その場合、もちろんソケットやレイアウトは変更が必要です。

5687 は GE 製の軍用管（JAN=Joint Army and Navy）を使用。2本必要。**5687** は一部改良されて **WA** や **WB** と付いたものがありますが、本機ではいずれも使用可能です。

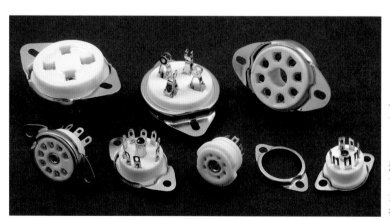

　ソケットは UX4P（下付け）×2個、US8P（下付け）×1個、MT9P（上付け）×2個、MT7P（上下両用）×2個、全てタイト製を使いました。

　本機はサブシャーシーで落とし込みをしており、MT 管は背が低いので上付けソケットにして沈み過ぎないようにしていますが、好みの問題ですので、下付きでも結構です。ソケットはメーカーにより微妙にサイズが違いますので、購入後の実測は不可欠です。

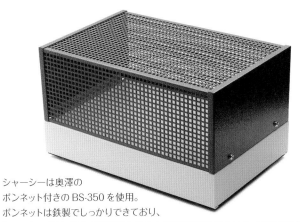

シャーシーは奥澤の
ボンネット付きのBS-350を使用。
ボンネットは鉄製でしっかりできており、
シャーシー部はアルミの無垢で本機のように塗装する場合はうってつけです。
シャーシーの塗装を省略したい場合は他社製の塗装済みのものや
ヘアライン加工のものが良いでしょう。ボンネットの有無も好みです。
BS-350は幅350×奥行230×高さ60（シャーシー部）
＋130（ボンネット）mmです。

管球パワーアンプの場合、顔になるのはパワー管ですが、シャーシーはボディですので機械的にも電気的にも健康的なアンプを作るためには重要なパーツです。

本機のシャーシーは2mm厚のアルミを使った素材で鉄製のボンネット付きのものを選びました。

トランス類四つの重量に耐えられる強度を考えると2mm厚は欲しいですが、手作業による加工を考えると2mm厚までが限度ですので、2mm厚と言うのが必須条件となります。

加工してみると解りますが、アルミの2mm厚と言うのは結構チカラ仕事です。楽なのは1.5mmあたりまでで、そのようなシャーシーを使う場合は内部に補強材を入れれば本機程度の重量でも大丈夫です。

本機ではサブシャーシーも使いますので、それも補強の一部になっています。

ボンネットは必ずしも必要ではありませんが、本機は貴重な2A3を使うため普段使いでの保護も考えてボンネット付きを選びました。

トランス類は真空管の次に音質を決定する重要なパーツですので、こちらも十分吟味し、コストが許す限り良いものを使ってください。

出力トランスはISO社のFC-12Sです。（2個）昭和の時代に全盛を誇ったタンゴ（平田電気）の技術を余すことなく受け継がれた音質もスペック的にも優れたトランスです。本機は無帰還ですので1次インピーダンスが2.5kΩなら他のトランスも使えますが、これくらいのクレードは欲しいところです。

電源トランスはゼネラルトランス（旧ノグチトランス）のPMC-170Mを選びました。後で300Bに改造するようでしたら、少々電流がギリギリですので、価格が高くなりますがPMC-3520HGを選んでください。取り付けサイズは同じです。

チョークコイルはゼネラルトランス（旧ノグチトランス）のPMC-1018Hで、10H・180mAの容量です。150mA以上流せられるものなら他社製のものも使えますがサイズは要確認です。

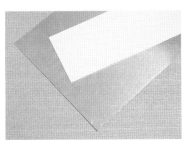

サブシャーシー用に1.5mm厚のアルミ板を強度アップのため折り曲げて使用しましたが、折り曲げ作業は大変なので、2mm厚のアルミ板をそのまま使うことをオススメします。サブパネルにも1.5mm厚のアルミ板を折り曲げて使用しました。アルミ板は写真のように片面だけ白や青などの保護シートが貼られていることがあります。

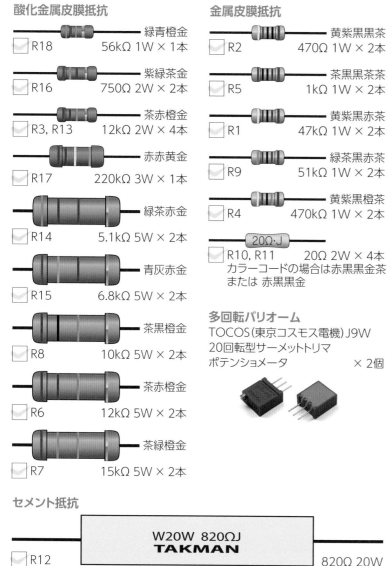

酸化金属皮膜抵抗

☑ R18　緑青橙金　56kΩ 1W × 1本

☑ R16　紫緑茶金　750Ω 2W × 2本

☑ R3, R13　茶赤橙金　12kΩ 2W × 4本

☑ R17　赤赤黄金　220kΩ 3W × 1本

☑ R14　緑茶赤金　5.1kΩ 5W × 2本

☑ R15　青灰赤金　6.8kΩ 5W × 2本

☑ R8　茶黒橙金　10kΩ 5W × 2本

☑ R6　茶赤橙金　12kΩ 5W × 2本

☑ R7　茶緑橙金　15kΩ 5W × 2本

セメント抵抗

☑ R12　W20W 820ΩJ TAKMAN　820Ω 20W × 2本

金属皮膜抵抗

☑ R2　黄紫黒黒茶　470Ω 1W × 2本

☑ R5　茶黒黒茶金　1kΩ 1W × 2本

☑ R1　黄紫黒赤茶　47kΩ 1W × 2本

☑ R9　緑茶黒赤茶　51kΩ 1W × 2本

☑ R4　黄紫黒橙茶　470kΩ 1W × 2本

☑ R10, R11　20Ω·J　20Ω 2W × 4本
カラーコードの場合は赤黒黒金茶
または 赤黒黒金

多回転バリオーム

TOCOS(東京コスモス電機) J9W
20回転型サーメットトリマ
ポテンショメータ　　　　× 2個

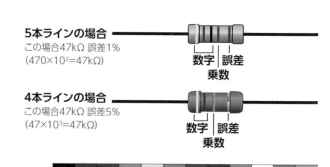

同じものが手に入らない場合

抵抗値／なるべく近似値が望ましいです。

例えば10kΩ5Wが手に入らない場合、20kΩ3Wを二つ並列にするか、5.1kΩ3Wを二つ直列につないでください。どちらも3W+3Wで6W分になります。

8.2kΩと1.8kΩを組み合わせる場合は8.2kΩの方が大きい電圧が掛かるため、5Wが必要、1.8kΩは1W程度で良くなります。これらは比率で決めます。

ワット数／大きい分には構いませんがサイズが大きくなりますのでスペースに入るかどうか確認してください。

種類／音質など好みの問題ですので違っても電気的には問題ありません。酸化金属皮膜抵抗を金属皮膜抵抗にしても大丈夫です。

メーカー・シリーズ／音質など好みの問題ですので違っても一向に構いません。

※**抵抗は全て実物大です。**

抵抗のカラーコードの見方

抵抗は直感的に判りやすい数字表記のものと、どの向きでも解りやすいカラーコード表記のものがあります。

最近の抵抗はベース色が青や緑で、その上にカラーコードを印刷しているものが多く、薄く印刷されてしまっていると色が違って見えることがありますので、使用前にテスターで抵抗値を確認するようにしましょう。

（赤や橙が茶に見えたり、白が灰に見えたりする）

5本ラインの場合
この場合47kΩ 誤差1%
(470×10²=47kΩ)
数字　乗数　誤差

4本ラインの場合
この場合47kΩ 誤差5%
(47×10³=47kΩ)
数字　乗数　誤差

	黒	茶	赤	橙	黄	緑	青	紫	灰	白	金	銀
数字	0	1	2	3	4	5	6	7	8	9		
乗数	×1	×10¹	×10²	×10³	×10⁴	×10⁵	×10⁶	×10⁷	×10⁸	×10⁹	×0.1	×0.01
誤差	20%	1%	2%				帯なし=20%				5%	10%

電解コンデンサー（ケミコン）

☑ C9 22µF 500V ×1本（※33µF以下）

☑ C10 390µF 450V ×1本
　　（※200µF以上でOK）

電解コンデンサーは極性があります。必ずマイナス側に表示があります。また、立形はプラス側のリード線が長くなっています。
※コンデンサーは全て実物大です。

コンデンサー表示の見方

本機で使用のコンデンサーは直接表示のものだけですが、コード表示のコンデンサーを使う場合はコンデンサー表示の見方（P13、P115）をご覧ください。

☑ C7, C8 100µF 400V ×4本

☑ C6 47µF 250V ×2本

フィルムコンデンサー

☑ C4 4.7µF 630V ×2本（※250V以上でOK）

AUDYN-CAP
4.7µF 630V

☑ C3, C5, C11 100µF 160V×5本

☑ C2 2.2µF 250V ×2本

SHIZUKI
2.2±10%250 A1717

☑ C1 1000µF 16V ×2本

同じものが手に入らない場合

容量／使用場所によっては大きくても良い場合と、近似値でないとまずい場合があります。但し容量は抵抗ほどシビアではないので、同じものが無い場合、近似値で結構です。

並列接続は割と大丈夫ですが、直列接続は容量誤差で掛かる電圧のアンバランスが段々大きくなるため避けた方が良いでしょう。

耐電圧／大きい分には構いませんが、サイズが大きくなりますのでスペースに入るかどうか確認してください。

種類・メーカー・シリーズ／音質など好みの問題ですので違っても電気的には問題ありません。ポリプロピレンフィルムをポリエステルフィルムにしても大丈夫です。但し他の種類を電解コンデンサーで代用することは避けてください。電解コンデンサーは漏れ電流が多いため、大容量が必要なところだけ使います。

また、タンタルコンデンサーは電解コンデンサーより高性能ですが、耐逆電圧に極端に弱く、故障するとショートするので使用は避けてください。

オーディオ用として販売しているものはアンプ製作に向いていると思いますが、通常品より少し良いものが数倍の価格、と言うこともありますので、ご自身でコストパフォーマンスを判断して選んでください。

形・大きさ／違っても電気的には問題ありませんが、ちゃんと取り付けできるかどうか良く検討してください。

片方からリード線が2本出ているものは立型、両側から出ているものはチューブラー型と言います。どちらを使うかでラグ板の位置や配線の長さが変わってきます。

外装パーツ

←抵抗入りネオンブラケット

110V用などと買いてあれば抵抗入りです。抵抗なしの場合は直列に100kΩ1/4W程度の抵抗をつなげてください。

2連バリオーム➡

Linkmanの610G-QB1型（φ16mm、100kΩ/Aカーブの2連、ショートシャフト）のものを使いました。

スイッチ類↑

電源スイッチと入力切換えにはトグルスイッチ（レバースイッチ）、インピーダンス切換えにはロータリースイッチを使いましたが、好みでシーソースイッチ（ロッカースイッチ）やプッシュスイッチなどにしてもOKです。その際守らなければいけないことは、電源スイッチはAC100V・3A以上が流せるもの、信号系のスイッチは何でも大丈夫ですが、できればノイズが出にくい小信号用を使ってください。

↑ボリュームとスイッチツマミ

φ30×L15mm・アルミゴールドヘアライン仕上げのものを使いました。リアのインピーダンス切換用は樹脂製のφ20×L16mmです。アンプ全体のグレードに関わりますので、ツマミはケチらないで良いものを使ってください。
また、調整用のSWやVRのツマミを省略しないこともグレードに重要です。

Tips　スイッチのショーティングタイプとノンショーティングタイプ

信号をAからBに切換る時、Aの信号が切れる前にBもつなげる（つまり切換時に一瞬だけ両方につながる）タイプをショーティングタイプ、Aの信号を完全に切ってからBにつなげるタイプをノンショーティングタイプと言います。

本来、Aを切った瞬間にBにつながるのが理想ですが、そのようなスイッチを作るのは難しいため、特にロータリースイッチではこのような2種類を規定して作っています。ロッカースイッチやトグルスイッチはほとんどノンショーティングタイプです。

とくに大電圧・大電流回路ではショートさせると危険なためですが、信号回路ではプチっとノイズが出ることがあるのでショーティングタイプを使うこともあります。本機のような真空管回路では壊れることはありませんのでどちらでも構いません。

↑ACコード

PC用の汎用品です。

ACインレット↑

LINKMANのIEC規格のものを使いました。ACコード直付けよりも取り外せる方が何かと便利です。

↑RCAピンジャック

入力2系統なので赤と黒を二つずつ用意します。多点アースにならないよう、絶縁タイプを選びます。

↑スピーカーターミナルと圧着端子

Keystoneの7016（赤）と7017（黒）を使いました。廻り止めが付いていて、太めのスピーカーケーブルが加えられ、バナナプラグも対応で安価なものは少ないですが、本品は全て満たしています。
直接ハンダ付けしても良いのですが、メンテナンスで何かと外れた方が便利なので、本機では圧着端子を別に用意してケーブルをねじ止めするようにしました。

ヒューズ➡

本機の消費電流は0.7A程度なので1AのヒューズでもOKですが、電源ON時のラッシュカレントで、そのうち切れる可能性がありますので、2Aのものが良いでしょう。トランスメーカーが外付けヒューズの容量を指定している場合がありますが、その場合は指定通りのものにします。

←ヒューズホルダー

サトーパーツのL30mmヒューズ用を使いました。

Beam Single　2A3 Single　Headphone　Paint　Chassis Processing　Other Work　Industrial Tool　Shop List

ねじ類

本機で使ったねじ類のリストは右記の通りですが、小さくてなくしやすいので予備も含めて少し多めに買ってください。

使用ねじ類リスト

品名	個数	使用場所
M3-L8 バインドビス❸	×12	
M3-L8 ナベビス❷	×4	MT 7P用
M3-L8 皿ビス	×2	US8P用
M3-L8 皿ビス黒❶	×2	ACインレット用
M3-L15 バインドビス	×4	バイアス基板用
M3ナット❼	×24	
φ3 スプリングワッシャー❺	×24	
M4-L8 バインドビス❹	×4	FC-12Sの外側
M4-L15 バインドビス	×6	FC-12Sのサブシャーシー側とチョーク
M4ナット❽	×2	チョーク用
φ4 スプリングワッシャー❻	×12	
φ3-L5六角メタルスペーサー メス-オス❾	×2	メインとサブシャーシー固定
φ3-L5 ABSスペーサー メス-メス❿	×2	バイアス基板用
φ4-L4.7 ジュラコン中空スペーサー⓫	×4	出力トランスのサブシャーシー側
φ4-L5 メタル中空スペーサー⓬	×2	電源トランスとチョーク
φ6.5 ワッシャー⓭	×3	トグルスイッチの高さ調整用
菊ワッシャー7mm用⓮	×1	トグルスイッチ用

Beam Single

2A3 Single

Handphone

Focm

Classic Processing

Other Works

Industrial Tool

Shop List

⬆結束バンド

一番小さいもので結構です。約30本使いますのでインシュロックのAB80・100本入りを使いました。

配線材➡

ほとんどは古河電工BX-S/0.5sq（AWG20）を使いました。耐熱性に優れハンダ付けはしやすいですが、ポリエチレン被覆で剥きにくく、ワイヤーストリッパーが必須の電線です。
もしニッパーなどで被覆を剥く時は、通常のビニール線の方が良いでしょう。また、一部トランスのリード線を切った余りを使用しています。

シールド線➡

CANAREのOFCシールド線1505/GS-4（φ4）を使いました。太いため取り回しにくいですが、2重シールドで性能的にはコストパフォーマンスが良い線材です。

熱収縮チューブ➡

メーカーによりスミチューブやヒシチューブなどの商品名で販売しています。本機ではφ4のシールド線に被せるので内径4.5（外径5.0）と内径2.0（外径2.4）のものを使いました。

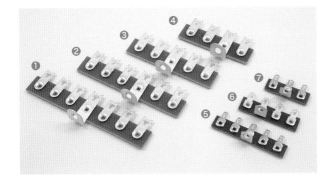

⬆ラグ板

❶大1L-6P ×5　　❺小1L-4P ×4
❷大1L-5P ×2　　❻小1L-3P ×1
❸大1L-4P ×2　　❼小1L-2P ×1
❹大1L-3P ×1

1枚だけ反対向きの小1L-3Pが欲しいのですが、売っていないので後で小1L-4Pを1枚、ペンチで切って使います。

⬆ゴムブッシュ

内径φ4/穴径φ8/板厚t1.5用。t2mm厚のアルミ板に使いますが、板厚t2用は売っていないため、少々ムリをしてはめ込みます。内径φ4として売っていましたが、実測は内径φ5でした。チョークコイル用。

←塗料

アサヒペンのクリエイティブカラースプレーを2色使いました。シャーシーとトランスはグリーン系に、サブシャーシーとボンネット取り付けアングルはアンバー系に塗り分けています。
32ミスティーグリーン300ml
19ライトアンバー300ml

←塗料はがし液

トランスの塗料をはがす時に使います。サンドペーパーで削り取るのは結構ホネが折れますので塗料はがし液を使った方が良いでしょう。
写真はホルツの製品ですが、色々なメーカーから出ています。スプレータイプの方が塗るのは早いですが、マスキングが必要なのと作業できる場所が限られます（キッチンのシンクなど）ので、ハケ塗りタイプを筆で塗る方が手軽です。
水性のものは弱いので強力な油性のものの方が良いです。また、塗膜が数十年経っていたりして古いとなかなか剥がれないこともあります。

←ミッチャクロンマルチと
　速乾さび止め
　（サフェーサー）

塗装の前に下地としてミッチャクロンマルチかサフェーサー（さび止め）のどちらかを塗ります。片方だけでOKです。
シャーシーはだいたいアルミ製を使いますが、そのままでは塗料の密着度が悪いため、下地処理で塗ります。
なおアルミの下地にサフェーサーも密着性が良く表面をなめらかにしやすいので、私はアルミシャーシーにもサフェーサーを使っています。トランスはさび止めをして長持ちさせます。

←スプレーのり

シャーシーに穴あけシートを貼る時、用紙全面に糊付けする必要があるので、スプレーのりを使います。
一番弱い強度のものが良いです。3M製品の場合55→77→99と強くなっていきます。
あまり強いと穴あけが終わりシートを剥がす時に大変ですが、強いスプレーのりを使う場合は、薄く吹き付けるようにすれば使えないことはありません。
シャーシーは穴あけシートを剥がした後、スプレーのりでベタベタしますので、スプレーのりのクリーナーはあった方が便利ですが、塗装する場合は、どっちみち水を掛けながら耐水ペーパーで水研ぎしますので、なくても大丈夫です。

カッティングシート↑

電源トランスのコア部だけのために塗料を買うのもムダがありますので、手軽に着色できるゴールドのカッティングシートを貼りました。店舗により10cm単位、50cm単位、1m単位で切り売りしてくれます。

サンドペーパー（耐水ペーパー）↑

塗装する場合は下地処理に必ず細目のサンドペーパーが必要となります。細目の場合、すぐに目詰まりするため水研ぎが必須ですので、必然的に耐水ペーパーと言うことになります。
必要な番手はツヤ消し塗装の場合、320番

～800番あたりで、ツヤ塗装仕上げの場合は1200番あたりまでも使います。
そうそう高価なものでも無いので複数の番手を買い揃えてください。
写真右のように網目タイプのものもあり、目詰まりしにくくて使いやすいです。

Beam Single
2A3 Single
Headphone
Paint
Chassis Processing
Other Work
Industrial Tool
Shop list

品名	品番・規格	メーカー・規格	単価(税込)	個数	購入先
真空管	2A3	Marconi	¥2,000〜¥50,000	2	所有品
	5687WB	GE	¥500〜¥5,000	2	所有品
	6C4	Raytheon	¥500〜¥2,000	2	所有品
	5U4G	RCA	¥1,000〜¥20,000	1	所有品
出力トランス	FC-12S	ISO	¥17,640	2	アンディクスオーディオ(株)
電源トランス	PMC-170M[※1]	ゼネラルトランス(ノグチ)	¥11,920	1	ゼネラルトランス販売(株)
チョークコイル	PMC-1018H	ゼネラルトランス(ノグチ)	¥6,520	1	ゼネラルトランス販売(株)
シャーシー	BS-350	奥澤オリジナル	¥11,000	1	(株)奥澤
アルミ板	t2mm厚	400×150mm A415-2	¥650	1	(株)奥澤
	t1mm厚	200×100mm A21-1	¥115	1	(株)奥澤
真空管ソケット	UX4P 下付け用	五麟貿易	¥525	2	門田無線電機(株)
	US8P 下付け用	五麟貿易	¥450	1	門田無線電機(株)
	MT9P 上付け用	五麟貿易	¥340	2	門田無線電機(株)
	MT7P 上付け用	五麟貿易	¥240	2	門田無線電機(株)
酸化金属皮膜抵抗	56kΩ 1W	タクマン電子	¥10	1	(株)千石電商
	750Ω 2W	タクマン電子	¥20	2	(株)千石電商
	12kΩ 2W	タクマン電子	¥20	4	(株)千石電商
	220kΩ 3W	タクマン電子	¥30	1	(株)千石電商
	5.1kΩ 5W	タクマン電子	¥80	2	(株)千石電商
	6.8kΩ 5W	タクマン電子	¥80	2	(株)千石電商
	10kΩ 5W	タクマン電子	¥80	2	(株)千石電商
	12kΩ 5W	タクマン電子	¥80	2	(株)千石電商
	15kΩ 5W	タクマン電子	¥80	2	(株)千石電商
金属皮膜抵抗	470Ω 1W(オーディオ用)		¥60	2	瀬田無線(株)
	1kΩ 1W(オーディオ用)		¥60	2	瀬田無線(株)
	47kΩ 1W(オーディオ用)		¥60	2	瀬田無線(株)
	51kΩ 1W(オーディオ用)		¥60	2	瀬田無線(株)
	470kΩ 1W(オーディオ用)		¥60	2	瀬田無線(株)
	20Ω 2W[※2]	KOA	¥31	4	マルツ秋葉原本店
セメント抵抗	820Ω 20W	タクマン電子	¥90	2	(株)千石電商
フィルムコンデンサー	4.7μF/DC630V	AUDYN-CAP MKP-QS	¥892	2	(株)若松通商
	2.2μF/DC250V	指月電機製作所 TME	¥250	2	(株)千石電商
電解コンデンサー	1000μF 16V	ニチコンFineGold	¥50	2	(株)秋月電子電商
	100μF 160V	Rubycon[※3]	¥150	5	(株)千石電商
	47μF 250V	KMG(日本ケミコン)	¥130	2	(株)千石電商
	100μF 400V	KMG(日本ケミコン)	¥250	4	(株)千石電商
	390μF 450V	ニチコン LGU	¥210	1	(株)若松通商
	22μF 500V	unicon	¥346	1	(株)若松通商
SPターミナル	赤	JL-0257-R	¥169	2	マルツ秋葉原本店
	黒	JL-0257-B	¥150	2	マルツ秋葉原本店
RCAピンジャック	絶縁タイプ(赤黒ペア)	トモカ電気 C-60	¥210	2	門田無線電機(株)
レバースイッチ	1回路2P S-1B	NKK(日本開閉器)	¥240	1	門田無線電機(株)
ロータリースイッチ	1段4回路3接点	アルプス電気 SRRM 227c	¥230	1	門田無線電機(株)
トグルスイッチ	2回路ON-ON 8C2011	コパル電子(旧フジソク)	¥432	1	門田無線電機(株)

縦書き右端タブ: Beam Single / 2A3 Single / Headphone / Paint / Chassis Processing / Other Work / Industrial Tool / Shop List

品名	品番・規格	メーカー・規格	単価(税込)	個数	購入先
バリオーム	100kΩAカーブ2連	Linkman 610G-QB1	¥144	1	マルツ秋葉原本店
ポテンショメーター	10Ω 20回転サーメットトリマー	TOCOS J9W 0.5W	¥229	2	マルツ秋葉原本店
メタルツマミ	φ30mmL15mmゴールド	Linkman 30X15JXS-7	¥580	1	マルツ秋葉原2号店
樹脂ツマミ	φ20mmL16mm緑		¥150	1	(有)あぼ電機
スパークキラー	0.1μF+120Ω	指月電機製作所	¥150	1	瀬田無線(株)
ネオンブラケット	橙色 取付穴φ7mm	セデコ BN-0752	¥220	1	門田無線電機(株)
ACインレット	WTN02F1171	Linkman	¥90	1	マルツ秋葉原本店
ACコード	3Pプラグ付き	PC用	¥100	1	
ヒューズホルダー	F-4000A	サトーパーツ	¥200	1	門田無線電機(株)
ヒューズ	AC125V-2A 標準サイズ	サトーパーツ FG-30	¥100	1	門田無線電機(株)
配線材※4	0.3sq茶 1m	古河電工BX-S	¥66/m	1m	(株)小柳出電気商会
	0.5sq青紫黄緑灰 各1m	古河電工BX-S	¥88/m	5m	(株)小柳出電気商会
	0.5sq赤 2m	古河電工BX-S	¥88/m	2m	(株)小柳出電気商会
	0.5sq黒 3m	古河電工BX-S	¥88/m	3m	(株)小柳出電気商会
	0.75sq白 1m	古河電工BX-S	¥110/m	1m	(株)小柳出電気商会
	シールド線 φ4 OFC	GS-4 CANARE 1505	¥122/m	2m	マルツ秋葉原本店
ローレットナット	φ12用	日本開閉器	¥50	1	門田無線電機(株)
ビス	M3-L8ナベビス		↓	×4	西川電子部品(株)
	M3-L8皿ビス		↓	×2	西川電子部品(株)
	M3-L8皿ビス黒		↓	×2	西川電子部品(株)
	M3-L8バインドビス		↓	×12	西川電子部品(株)
	M3-L15バインドビス		↓	×4	西川電子部品(株)
	M4-L8バインドビス		↓	×4	西川電子部品(株)
	M4-L15バインドビス		↓	×6	西川電子部品(株)
スペーサー	φ3-L5六角メタル	メス−オス	↓	×2	西川電子部品(株)
	φ3-L5ABS	メス−メス	↓	×2	西川電子部品(株)
	φ4-L5ジュラコン※5	中空(ネジ切りしていない)	↓	×4	西川電子部品(株)
	φ4-L5メタル※5	中空(ネジ切りしていない)	↓	×2	西川電子部品(株)
ナット	M3ナット		↓	×24	西川電子部品(株)
	M4ナット		↓	×2	西川電子部品(株)
スプリングワッシャー	M3用		↓	×24	西川電子部品(株)
	M4用		↓	×12	西川電子部品(株)
菊ワッシャー	7mm用		↓	×1	西川電子部品(株)
平ワッシャー	φ6.5用-t0.5		↓	×3	西川電子部品(株)
圧着端子	銅線用裸M5用	ビス・ナット・ワッシャー類全てで約¥2,000		4	西川電子部品(株)
ゴムブッシュ	外径11-穴径8-内径5mm	板厚t1.5mm用	¥11	2	西川電子部品(株)
ユニバーサル基板	72X47mm t1.5mm	ガラスエポキシ製 中国製	¥110	1	(株)千石電商
ラグ板	大1L-6P	サトーパーツ	¥80	5	門田無線電機(株)
	大1L-5P	サトーパーツ	¥80	2	門田無線電機(株)
	大1L-4P	サトーパーツ	¥70	2	門田無線電機(株)
	大1L-3P	サトーパーツ	¥60	1	門田無線電機(株)
	小1L-4P※6	サトーパーツ	¥60	4	門田無線電機(株)
	小1L-3P	サトーパーツ	¥50	1	門田無線電機(株)
	小1L-2P	サトーパーツ	¥40	1	門田無線電機(株)

品名	品番・規格		メーカー・規格	単価(税込)	個数	購入先
熱収縮チューブ	☑	内径φ2.5mm×1m	三菱ケミカル	¥120	1	(有)タイガー無線
	☑	内径φ4.5mm×1m	三菱ケミカル	¥120	1	(有)タイガー無線
結束バンド	☑	AB80×100本入	インシュロック	¥130	1袋	(株)千石電商
スプレー塗料	☑	19ライトアンバー300ml	アサヒペン(クリエイティブカラー)	¥596	1	DIY-toolドットコム
スプレー塗料	☑	32ミスティーグリーン300ml	アサヒペン(クリエイティブカラー)	¥596	1	DIY-toolドットコム
サフェーサー	☑	速乾さび止めグレー420ml	カンペハピオ	¥880	1	島忠ホームセンター
カッティングシート	☑	ゴールド45W×20cm	中川ケミカル	¥200	1	東急ハンズ渋谷店
真空管を除く合計				¥86,325		

　本機は2018年に製作しています が、その時より大きく価格改定され ていたり、販売中止（代替品で表 示しています）になっているものも ありますので、価格は2020年8月 現在の調査価格を表示しました。

　販売中止や価格改定などは良く ありますので、リストは参考価格と し、実際には各店舗にお問い合わ せください。

　真空管は入手できるかどうかや、 時期によっても相当な金額の開き が出ますので、合計金額には含め ないリストとしています。表示して いる真空管の単価は、手に入れば おそらくこの程度の価格だろうと 言う予想に基づいています。

以下、パーツについての補足です。

※1：300Bに改造する予定がある 場合、PMC-170MではB電流に余 裕がありませんので、価格が上がり ますがPMC-3520HGに変更してく ださい。

※2：当時の入手状況から20Ωの 抵抗のみ他種類・メーカーのもの を使用していますが、他の抵抗と 同じもので構いません。

※3：本書で掲載している写真では 入手状況によりRubycon3本（黒 いタイプ）とKMG（日本ケミコン・ 茶色のタイプ）2本を使っています が、分ける理由はありませんので、 同じメーカーのものを5本使ってく ださい。サイズ・価格とも若干違い ますが同等品です。

※4：配線材は0.5sq（AWG換算 で#20）をメインで使っていますが、 配線しにくいと感じましたら、

0.3sq（AWG換算で#22）以上で あれば問題ありません。

※5：スペーサーはL5mmのもの をヤスリで0.3mm削って4.7mmに しますので、削りやすいジュラコン タイプとそのまま使うメタルタイプ で分けていますが、入手できない 場合は同じ種類でも構いません。

※6：販売している1L3Pと逆向きの 1L3Pが欲しいため、1個だけ1L4P をペンチやニッパなどで切って使 います。

製作編
シャーシー加工

本機の色変えは電源トランスのみですが、2A3がボンネットに頭をぶつける問題解決と見た目の美しさを追求するためサブシャーシーを採用しています。

そのためシャーシー加工は精度を要求し、時間も掛かりますので、3機種の中では加工難易度が一番高くなっています。

また、塗装とシャーシー加工は3機種共通で解説しているページを参照して頂きますので、きっちり本機だけの加工手順になっていません。

参照ページが前後しますが応用力を身につけるためだと思って焦らずじっくり取り組んでください。

ページが飛ぶ場合は当ページ最下のようにガイドを表示しています。

私がアンプ製作を学んだ昭和の雑誌は図や写真が少なく、あってもアミ点が粗いなど印刷技術も今より低くて解りにかったと記憶しています。

説明も簡素であったため習得に手間が掛かりましたが、応用力はつきましたので、手取り足取りよりもよかったと感じています。

作業手順は塗装がありますので天気や湿度によっては前後する場合もあります。

まずは電源トランスの色変えから始めます。154ページからご覧ください。

次の作業は「トランスのカラーリング」P154〜P160をご覧ください

「トランスのカラーリング」が終わったらこのページに戻ってください。

さて、ここからは図面を描いて実際にシャーシーを加工していきます。本機は奥澤のボンネット付きオリジナルシャーシーを利用し、内部にアルミ板を使ったサブシャーシーを自作して入れました。

注意点としてはボンネットを被せた時にトランス類が当たらず、余裕を持ってボンネットの付け外しができるようにする必要があります。

また、内部で部品同士がぶつからないよう注意を払ってください。

特に電源トランスとヒューズホルダーやACインレット、初段管とボリュームやスイッチ類は要注意です。

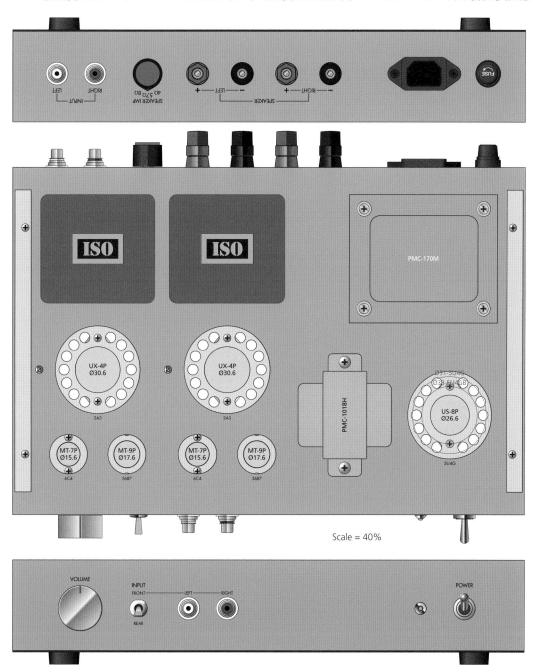

Scale = 40%

パーツ実装時の完成予想図

同じパーツを使った場合の穴あけ寸法図は下記のようになります。

直接図面（穴あけシート）をシャーシーに貼り付けて穴をあけますので、PC上でパーツの位置関係が確認できていれば寸法線は入りません。（CADの場合は自動的に入りますが）

但しドリルの刃を選びやすいように穴サイズだけは書き込んでおきます。

• • •

※注意：「パーツは実測が基本」です。2〜3ヶ月経ったら同じ部品が手に入らない、メーカー発表の図面を信用したらマイナーチェンジし

ていて違っていた、なんて言うことは良くあります。パーツを購入したら必ず実測して図面を作成、または変更してください。

メインシャーシー/奥澤BS-350

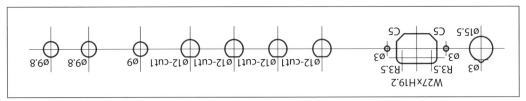

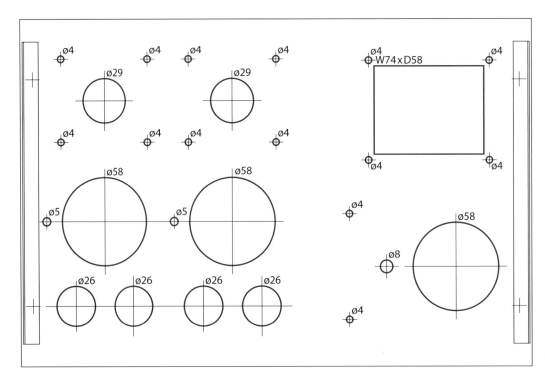

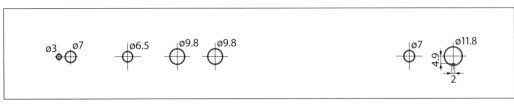

Scale = 40%

本機のPDF図面データはダウンロードできます。 https://honmatsu-amp.net/irodori/2a3.html

パーツ実測・図面作成

サブシャーシーを自作した理由は二つあります。一つはボンネットを被せた時に2A3や5U4Gなど、ST管の頭がぶつかるので段落としが必要なためです。

もう一つは見た目を気にせず内部で自由に穴あけできる利点があるためです。

工作時間や難易度は上がりますが、美しいアンプができますので、是非チャレンジしてください。

ST管の抜き差し時、なるべくベースを持ちたいので、落とし込み量は5mmと必要最小限ですが、もし後で背の高い300Bに改造するつもりであれば、ボンネットを被せた時に頭をぶつけますので、落とし込みは15mmにする必要があります。

サブシャーシー/アルミ板から切り出し

◎は放熱用の穴。後でピンセットを使いスペーサーを入れますので省略してはいけません。

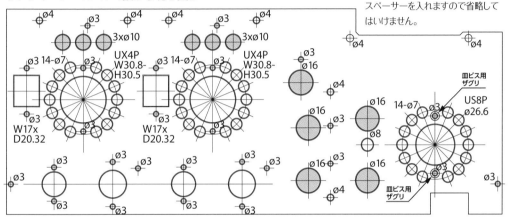

Scale = 40%

※サブシャーシーについて：
強度アップのため、本機では1.5mm厚のアルミ板のエッジを折り曲げて製作しましたが、折り曲げ作業は大変なので、2mm厚のアルミ板を使い、折り曲げなしで製作することをお勧めします。（以降ページの写真は全て1.5mmの折り曲げサブシャーシーを使っています。）
また、300Bへの改造時に電源トランスの端子が接触する可能性がありましたので、図面を一部修正して掲載しました。（写真では修正前なので電源トランス部分の凹みがありません）

※注意：サブシャーシーの横幅はこれ以上長くなるとメインシャーシー内に入れられなくなりますのでご注意ください。

サブパネル（内部設置）

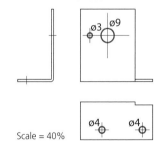

Scale = 40%

サブシャーシーのポイント

本機ではなるべくビス類が見えないよう、ボンネット用のL型アングルやトランス類のビスを利用してメインシャーシーと固定しています。

また、完成後は見えませんが、放熱を考慮して熱を出す抵抗の上になる部分に穴を多く開けています。

電源スイッチの部分はそのままでは当たるため切り欠きを入れています。

300Bへの改造時のことを考えて、パワー管奥にはブリッジダイオード取り付け用のビス穴も先に開けています。

「穴あけシートの作成・貼り付け」はP163もご覧ください

先に基板作成

Beam Single
2A3 Single
Headphone
Paint
Chassis Processing
Other Work
Industrial Tool
Shop List

シャーシー穴のサイズや位置チェックで必要になりますので、先にハムバランス調整用基板を製作します。

ハムバランス調整とは直熱管のフィラメントの中点から正確に信号を取り出すとノイズ(ブーンと言うハム音)が最小になるため、擬似的に中点を出す調整のことを言います。

真空管全盛時代と違い、ハムバランス用のバリオームが入手しにくい事情もあり、自作します。

使うのはユニバーサル基板です。

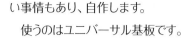

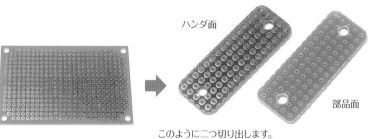

ハンダ面 部品面

このように二つ切り出します。

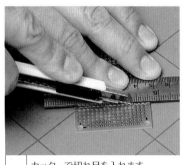

1 カッターで切れ目を入れます。

2 基板を机のカドや万力などを利用して切れ目部分を折れば簡単に切れます。スコヤを当て均等な力をで押しています。

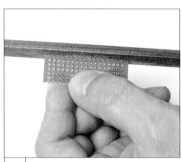

3 ヤスリでエッジをキレイに削ります。カドは触っても怪我しない程度にRを付けます。

4 Φ3mmのビス穴をハンドドリルで開けます。万力があれば押さえるのが楽です。

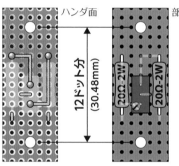

ハンダ面 部品面

12ドット分
(30.48mm)

20Ω-2W 20Ω-2W

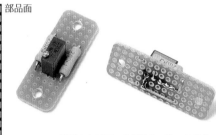

5 抵抗とトリマーを挿入し、リード線を折り曲げます。外れないように一部ハンダ付けします。

本機のハムバランス調整回路は20回転のポテンショメーターを2本の20Ωの抵抗で挟むと言う念の入れようで超高分解能です。

ここまで高分解能だと最低レベルの谷が掴みにくいかも知れませんが、多回転トリマー(ポテンショメーター)は小型の割にワット数が大きく余裕が出るため使用しています。

もし使いにくかったり入手難の場合は通常回転のトリマーを使用してください。20Ω×2本で挟んでいるため容量的には大丈夫です。

但し取り付け寸法だけは念入りに確認してください。

この後の作業は「シャーシー加工」P164〜P165をご覧ください

メインシャーシー、サブシャーシーと同時にサブパネルも製作します。

この時、長すぎるロータリースイッチのシャフトも一緒に切っておきましょう。

サブパネルはt1.5mmのアルミ板を切り出し、折り曲げて作りましたが、曲げ作業を省きたく、サイズ的に代用できる場合はははL型アルミアングルを買うと良いでしょう。

• • •

※注意：アルミ板の曲げ作業がある場合、必ず先に曲げてから穴あけシートを貼り、穴あけ加工をします。

これは曲げる作業が一番誤差が出やすいためです。

また、折り曲げは正確に直角でないとロータリースイッチのシャフトの飛び出しに角度が付いてしまいますので、スコヤや差し金で直角を確認しながら作業します。

1 アルミ板を切り出し、万力などに固定して90度折り曲げ、穴あけシートを貼ります。

2 まずビス穴だけ先にあけます。センターポンチをした後、2mmのドリルで少し削ります。

3 センターズレを確認してOKでしたら4mmのドリルで穴あけします。

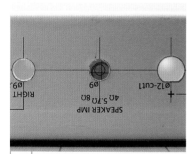

4 サブパネルとシャーシーを合わせ、穴から覗いてみてズレを確認・修正してからロータリースイッチの穴をあけます。

5 今度はスイッチも仮取り付けし、シャフトが何ミリ長すぎるか確認し、マジックでマーキングします。

6 ガリにならないようシャフト側を万力で固定し金鋸で切ります。スイッチ側を固定してはいけません。

7 切った面は凸凹ですのでヤスリで仕上げます。この時、シャフトをペンチやプライヤーで持ちます。

※注意：シャーシー加工が終わったら、面倒でも塗装前に必ず全パーツの組み立てテストをしてください。約1日掛かると思ってください。

| 下地塗り | ➡P161 |
| メインカラー塗装 | ➡P161 |

この後の作業は「シャーシーの塗装」P161をご覧ください

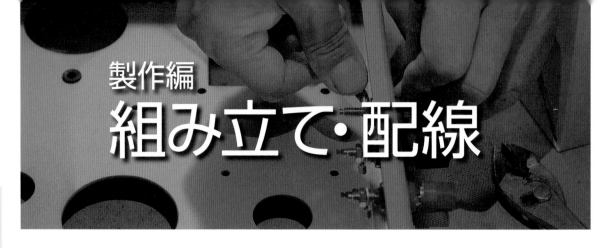

製作編
組み立て・配線

いよいよ組み立て・配線作業に掛かります。

まずサブシャーシーを組み立てていき、後でメインシャーシーに組み込みます。図の順番通りに組み立てていき、同じ番号のところはどこを先にしても構いません。

ビスが緩まないよう、可能な限りスプリングワッシャーは入れてください。

なお、ナット廻しがあれば、なるべくナット側を廻すことで塗装がはがれずにすみます。

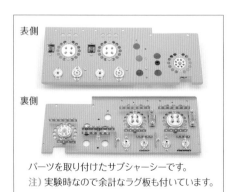

表側

裏側

パーツを取り付けたサブシャーシーです。
注）実験時なので余計なラグ板も付いています。

本機の製作でポイントになる点を先に説明しておきます。

通常は軽いパーツから取り付けていきますが、本機ではサブシャーシーをトランスのビスを通して共締めしますので、ある程度の軽いパーツを取り付けたら全てを取り付ける前にトランスを取り付けます。

また、RCAジャックなどシャーシー内部でナットを廻さなければならないパーツは先に取り付け、バリオームやスイッチ類など、外で廻せるものは後でも楽に取り付けできます。

ビスは取り付け対象の穴が大きくてもしっかり締められるようにほとんどバインドビスを使いますが、入手しやすいナベビスでも構いません。但し整流管の取り付け部は皿ビス、MT7Pソケット部はナベビスを使います。これは真空管を挿した時、ビスに当たってしっかり奥まで挿し込めないのを防ぐためです。

下記は作業中ポイントになるところです。

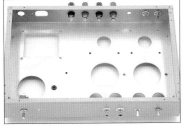
⑥〜⑨まず軽いパーツを、中締めのパーツは工具が入るうちに隅の方から取り付けていきます。

⑧スピーカー端子は取り付けにくいので、穴部分にドライバーを挿して押さえ、内側のナットを回します。

⑧電源スイッチのローレットナットを回す時はキズ付けやすいので穴をあけた型紙で保護します。

⑭出力トランスと共締めするジュラコンスペーサーは、銘板の厚み分、高くなってしまうので、0.3mmほどヤスリで削ります。

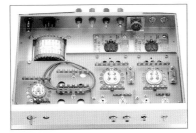
トランスなど重量物も含めて全て取り付けたところです。

組み立てたらシャーシーやトランスを硬い紙等でキズ防止のカバーをしましょう。

奇数のラグ板はどちらか片方が長くなっていますが、たまに反対側が長いタイプが欲しい時があります。

しかし左と右の2種類あるわけではなく、片方しかありません。

現在販売している大きいタイプは全て左側のラグが一つ多くなっていますが、小さいタイプは右側が多くなっており、なぜか1L1Pのみ反対向きです。

そこで無い向きのものはペンチやニッパなどで切って作るようにします。切った後はヤスリでバリを取って触れても怪我をしない程度に削ってください。

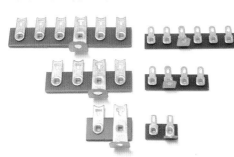

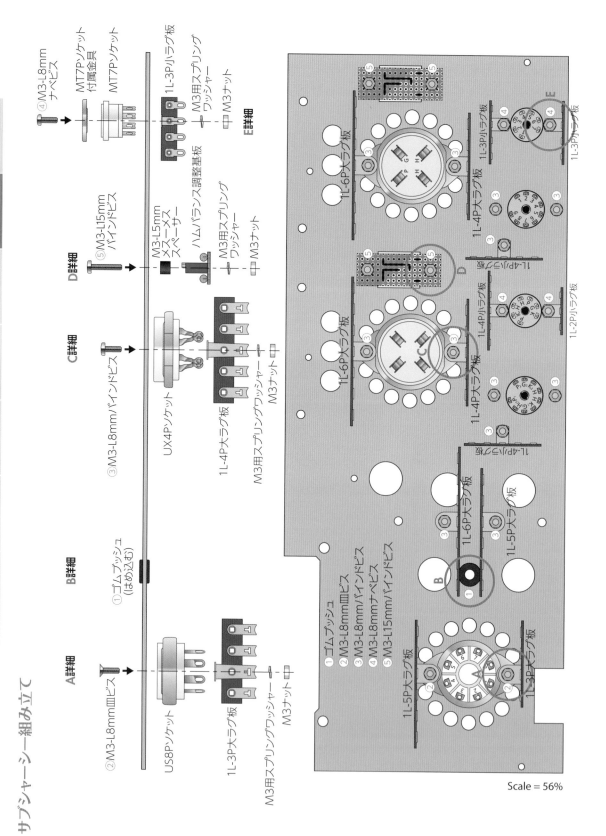

Scale = 56%

組み立て・配線
パーツ組み立て

Beam Single

2A3 Single

Headphone

Point

Chassis Processing

Other Work

Industrial Tool

Shop List

組み立て順序のポイント

サブシャーシーは10ヶ所のビスと5mmのスペーサーでメインシャーシーと固定されます。スペーサーの位置を合わせないと入りませんので慎重に合わせてください。

とくにチョークコイルの部分は放熱孔からピンセットなどを入れてスペーサーの位置を合わせてください。

トランス類やスペーサーを入れる箇所はビスやナット、スプリングワッシャーを全箇所通すまではゆるく締め、全て入ってからしっかり締めます。

ヒューズホルダーは先に付けてしまうと電源トランスのナットが廻せなくなってしまうため、後に付けます。

また、そのヒューズホルダーが付けられなくなってしまうため、ACインレットは最後に取り付けます。

シャーシーの折り返しがあってナットが廻せなくなるため、ロータリースイッチは先にサブパネルに取り付けておきます。そのため、出力トランスのビスが一つだけ廻しにくいですが、プラスドライバーを斜めに挿しながら慎重に廻してください。

なお、出力トランスに付属のビスは短いため使いません。

---

① まずゴムブッシュをはめ込みます。ゴムブッシュは1.5mm厚用のものまでしかありませんので、2mm厚のアルミ板相手だと少しムリをして入れることになります。

② 整流管 (5U4G) のUS8Pソケットを取り付けます。ここはビスが出っ張っていると整流管がしっかり挿せないため、皿ビスを使います。同時にラグ板も共締めします。

③ ラグ板やパワー管 (2A3) 用のUX4Pソケット、ドライバー管 (5687) 用のMT9PソケットをM3-L8mmのバインドビスで取り付けます。UX4Pソケットはラグ板も共締めします。ナベビスでも構いません。

④ 6C4用のMT7Pソケットをラグ板と一緒に共締めします。ここはバインドビスを使うと真空管に当たってしっかり挿せなくなるため、必ずナベビスを使います。

⑤ ハムバランス調整基板を取り付けます。先にM3-L15mmとL5mmのスペーサーを取り付け、その後から基板を挿し、スプリングワッシャーを介してナットを締めます。基板は金属ほど強くありませんので、強く締めすぎないようにしてください。

ここからは図が次頁になります。

⑥⑦ RCA入力ジャックを取り付けます。アースピンの向きがハンダ付けしにくくならないよう注意してください。

⑧ スピーカー端子とスイッチ二つを取り付けます。スイッチは内側のナットを調整して飛び出し具合を丁度良くしてください。

⑨ バリオームを付属ナットと付属ワッシャーで取り付けます。

⑩⑪ ボンネット用取り付け用のL型アングル

をシャーシー外側に取り付けます。4ヶ所のうちリア側の2ヶ所は普通に付属のビスだけで取り付けますが、フロント側の2ヶ所はサブシャーシーを固定するため、ビスで取り付けた後にメス-オスの六角スペーサーを立てます。

⑫ 電源トランスを取り付けます。ここの2ヶ所だけ先に付属のナットで締めます。トランスを逆さにしますので、キズがつかないよう注意してください。

⑬ 出力トランス2個を取り付けます。その際、ロータリースイッチを取り付けたL型サブパネルを共締めしてください。

⑭ いよいよ先に組み立てたサブシャーシーを取り付けます。電源トランス側はL5mmのメタルスペーサーを入れ、出力トランス側はL4.7mmに削ったジュラコンスペーサーを介して図のようにビス止めします。全て軽く仮止めにしてください。

Scale = 50%

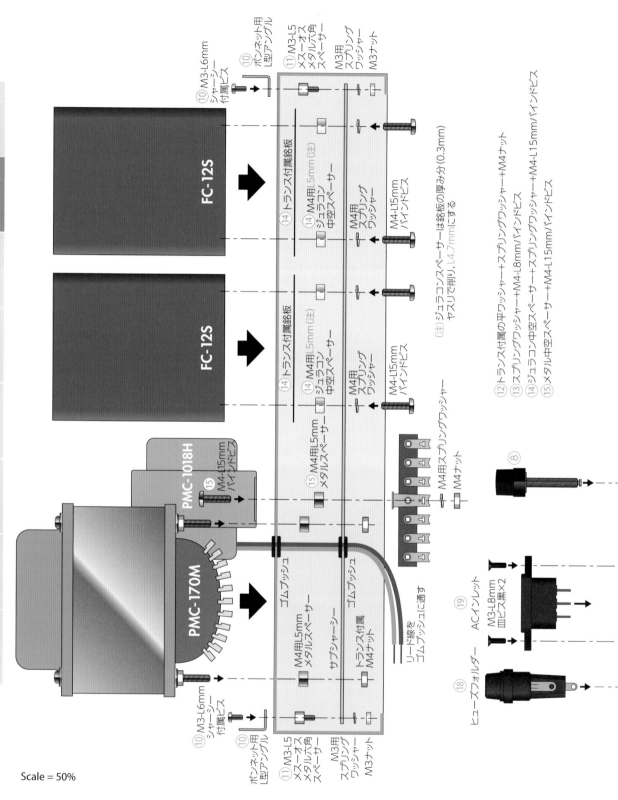

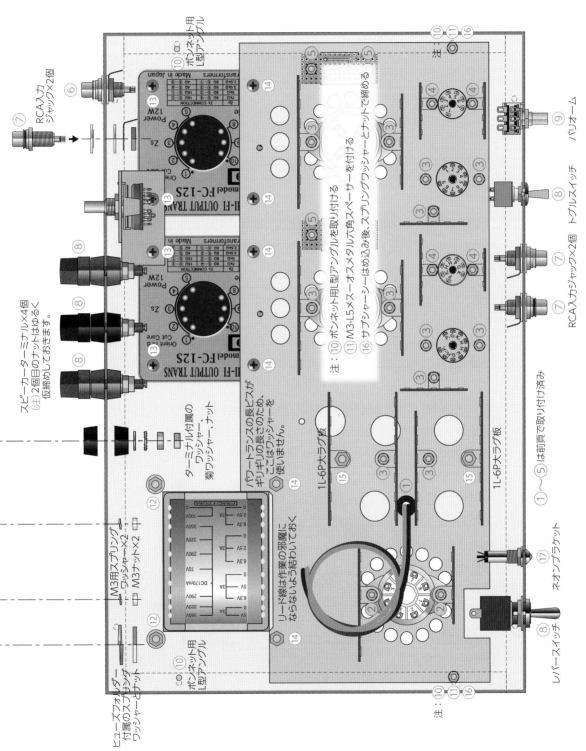

⑮ チョークコイルを取り付けます。本機の組み立て作業の中で一番難しいところです。

まず先にリード線を通します。次にL5mmのメタルスペーサーをピンセットなどで放熱孔から入れ、穴位置にあったらバインドビスでチョークコイルを取り付けます。

ビス2ヶ所を指で押さえながらラグ板を挿し、スプリングワッシャーを入れ、ナットで共締めします。

ここまでうまく入ったらトランス類のナットを全て強く締め付けていきます。

⑯ 前にL型アングルを取り付けた部分もスプリングワッシャーとナットを締めていきます。

⑰ ネオンブラケットを付属のナットで取り付けます。

⑱ ヒューズホルダーを付属のナットで取り付けます。ナットのサイズが大きいため、少々廻しにくいかも知れません。

⑲ 最後にACインレットを取り付けて組み立て完了です。

配線の前にトランスやシャーシーにキズが付かないようボール紙やダンボール等で養生してください。

配線の前に「ビニール線のむき方」はP166をご覧ください

いよいよ配線作業に入ります。図の順番通りに配線していきますが、同じ番号のところはどこを先にしても構いません。表示がない限り、ビニール線はラグ板の下の穴にハンダ付けしていきます。

線の長さは剥く部分も含めた長さで表示しています。少し余裕を持った表示をしていますので、多少狂ってしまっても大丈夫です。

線材の色は旧JIS規格に準拠させていますが、現在は決まっている訳ではありませんので、自分で解りやすい色に変更しても結構です。

配線はAC1次側から始め、次にヒーター回路を配線をします。

そこまで出来たら一旦確認をした後、真空管を全て挿して点灯試験をします。こうすることでここまでは大丈夫と言うことになり、後でもしトラブルがあった時、原因が切り分けられて早く不具合箇所が特定できるからです。点灯試験時、ヒューズを入れ忘れないようにしてください。

① チョークコイルのリード線が邪魔になるので先に処理しておきます。2本とも12cmに切り、ラグ板の下の穴に挿しておきます。ハンダ付けはまだしません。

② AC1次側の配線をします。白はAWG18、茶30cmはAWG22の線材を、茶の短い方はチョークコイルのリード線の余りを使いました。一部解りやすくするため灰色で表示している線がありますが、白でOKです。

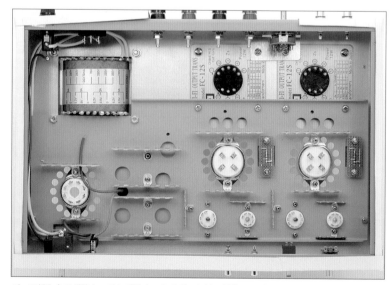

パーツ組み立てが終わってキズ防止のためボール紙で外枠をカバーしたところです。茶色の線はチョークコイルの配線がラグ板に挿す前です。

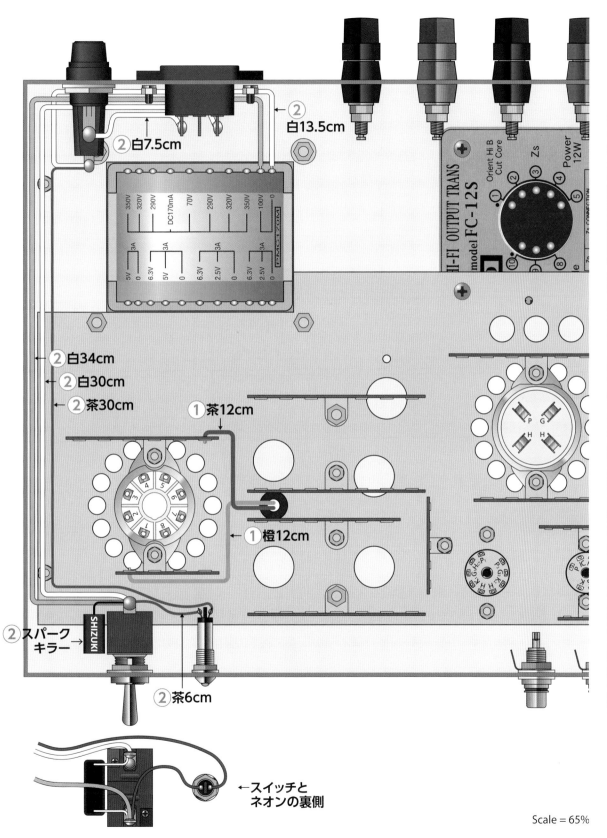

② 白13.5cm

② 白7.5cm

350V 320V 290V DC170mA 70V 290V 320V 350V -100V 0

3A 3A 3A 3A

5V 0 6.3V 5V 6.3V 2.5V 0 6.3V 2.5V 0

PMC170M

HI-FI OUTPUT TRANS
model FC-12S

Orient Hi B
Cut Core
Zs
Power
12W

② 白34cm

② 白30cm

② 茶30cm

① 茶12cm

P G
H H

① 橙12cm

G-H-P
P-G
K H K-P
H P

② スパーク
キラー

SHIZUKI

② 茶6cm

←スイッチと
ネオンの裏側

Scale = 65%

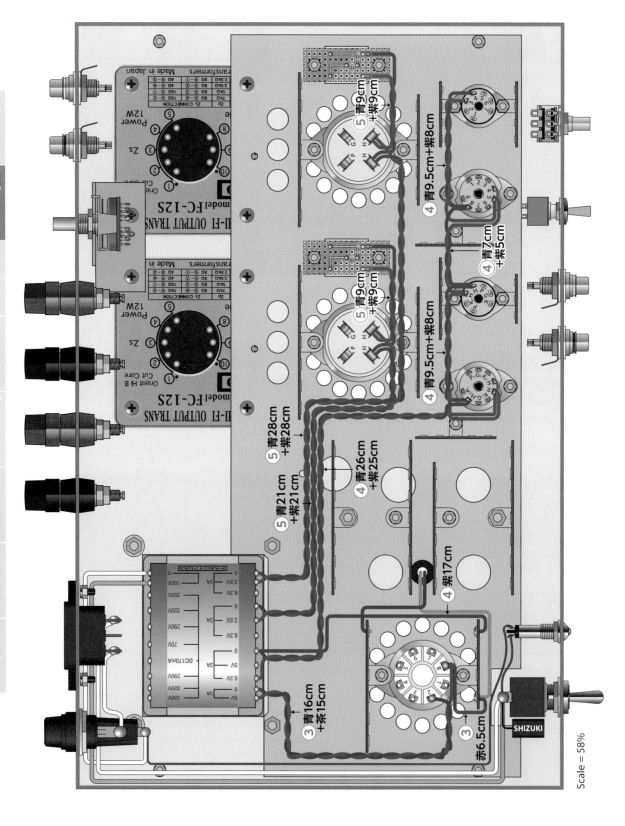

ヒーター回路全般を配線していきます。誘導ハムによる雑音を低減させるため、全て撚る（2本の線をよじる）ように先に処理しておきます。

線の長さ表示は**撚る前の長さ**です。撚るとだいたい1〜2cm短くなります。

太めの線材を使っていますが、全てAWG22以上の太さであれば問題ありません。（数字が小さい方が太い）

③ 整流管のフィラメント回路を配線します。AWG18の太さで青と茶を使いました。この時、US8Pソケットの8番ピンからの出力を赤で、チョークコイルのリード線も同時に配線します。

④ MT管（6C4と5687）のヒーター回路を配線します。ここは太いと配線しにくいのでAWG20にしています。交流なので極性はありませんが青と紫を使い、位相は合わせるようにしています。

⑤ 2A3のフィラメント回路とバイアス基板へ配線します。AWG18を使いました。

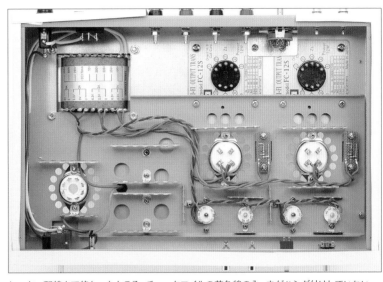

ヒーター配線まで終わったところ。チョークコイルの茶色線のみ、まだハンダ付けしていない。

ここまで配線ができましたら一旦作業を止め、間違いがないか良く確認します。

大丈夫なようでしたら真空管を全て挿し、ヒューズを入れます。2A3は挿入方向に注意してください。1番ピンと4番ピンだけ若干太くなっています。

用意できましたら電源をオンにし、部屋を暗くしてちゃんと点灯するか確認をしてください。

なお、B電流がまだ流れていませんので、この状態で電圧を計ると、少し高めの測定値になりますが真空管を壊すほどではないので大丈夫です。

全ての真空管が正常に点灯すれば、ここまでの配線が間違っていないことを確認できます。シャーシーやトランスはキズ防止のためボール紙で養生しています。

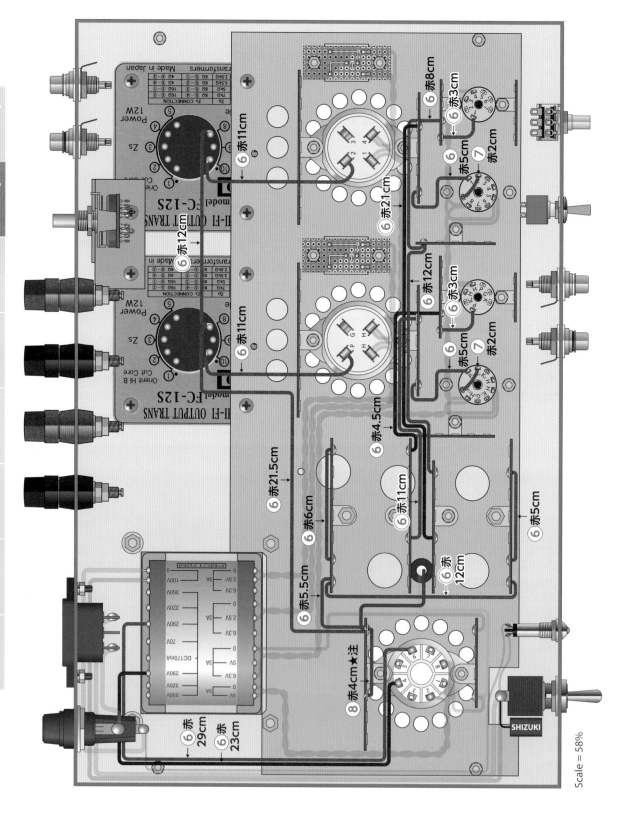

＋B電圧（高圧）回路全般を配線していきます。電流は少ないので全てAWG20の太さにしています。こちらも全てAWG22以上の太さであれば問題ありません。

⑥ 全て赤の線材を使いますが、図は解りやすくするために一部濃赤で表示しています。また、前ページで配線が終わっているところは薄く表示しています。

⑦ MT9Pの2番と9番ピンの間を配線しますが、2番ピンだけハンダ付けしておき、9番ピン側は後で抵抗と一緒にハンダ付けします。

⑧ ここはラグ板の下穴がいっぱいでこれ以上ビニール線が入らないため、両側ともラグ板の上穴に仮付けします。（★注）ハンダ付けは後で抵抗と電解コンデンサーとともに行います。

```
0   1   2   3   4   5   6   7   8   9   10  11  12  13  14  15cm
```

CANARE 1505 シールド線処理のしかた （P86, P87で使用）

本機で使用のシールド線・CANARE 1505は、2重シールド構造で太めの線なので性能は良いですが、通常の細いシールド線より扱いにくいと思います。

細いシールド線と同じように剥くと配線しにくいですので、少し長めに被覆を剥いて使用します。

シールド網線をほぐすと黒い被覆が出てきますが、これが二つめのシールドであり導体ですので、端子類にハンダ付けの際、芯線とくっつかないようにしないといけません。

そのためさらに透明な被覆の部分が3mm残るようにします。

面倒ですが、この構造のために外側の被覆を長めに剥いてもシールド性能が保たれる利点があります。

また、太いゆえに熱収縮チューブも外れやすいので、こちらも少し長めに用意して被せます。

ハンダ付けの際、芯線かシールド線が長くてやりにくい場合は、臨機応変に片方を短く切ってもOKです。

①外被を20mm剥く

②シールド網線をほぐして撚る

③芯線の黒い部分を6mm剥く

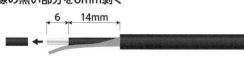

④芯線の白い部分を3mm剥く

⑤熱収縮チューブφ2.4mmを16mmに切りシールド網線に被せて熱収縮させる

⑥熱収縮チューブφ5mmを10mmに切って芯線・シールド網線ともに被せて熱収縮させる

アース回路全般を配線していきます。全てビニール線で配線していますが、MT管4本の間はスズメッキ線で母線を張る方がやりやすいため、慣れている方はそちらに変更しても結構です。

AWG20の線材を使っていますが、理論上AWG22以上の太さであれば問題ありません。

ラグ板への配線はほとんど下穴に行いますが、大ラグ板で3本、小ラグ番で1本、無理してもせいぜい2本しかビニール線が入らないため、一部はラグ板の反対側にハンダ付けします。

また、ラグ板で隣同士が両方アースの場合はビニール線を使わず、後で抵抗やコンデンサーのリード線を折り曲げてアース配線をする部分があります。

⑨ 数が多くありますが、じっくり配線していきます。MT9Pソケットのセンターピンは、後でシールド線のシールド側も配線しますので、後でハンダ付けしても良いのですが、動くと作業しにくいので、一旦ハンダ付けで固定しておきます。

⑩ この線はラグ板側のみハンダ付けし、RCA入力ジャック側は後でシールド線と一緒にハンダ付けします。

⑪ アースポイントへの配線です。卵ラグ、または圧着端子を使ってハンダ付けします。

サブシャーシーの塗装を少し剥いでおき、菊ワッシャーを挟んでナットで固定し、しっかりシャーシーにアースされるようにします。

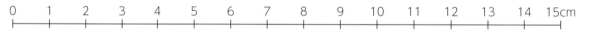

本機で必要な CANARE 1505 シールド線 5本の用意 (P86, P87で使用)

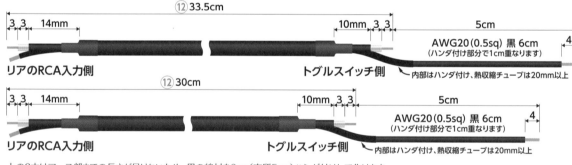

⑫ 33.5cm
3 3 14mm
リアのRCA入力側
10mm 3 3
トグルスイッチ側
5cm
AWG20(0.5sq) 黒 6cm
(ハンダ付け部分で1cm重なります) 4
内部はハンダ付け、熱収縮チューブは20mm以上

⑫ 30cm
3 3 14mm
リアのRCA入力側
10mm 3 3
トグルスイッチ側
5cm
AWG20(0.5sq) 黒 6cm
(ハンダ付け部分で1cm重なります) 4
内部はハンダ付け、熱収縮チューブは20mm以上

上の2本はアース部までの長さが足りないため、黒の線材を6cm(実質5cm)ハンダ付けして作ります。

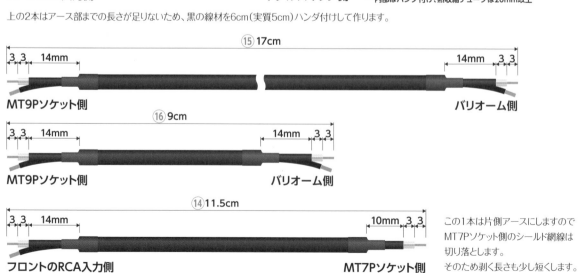

⑮ 17cm
3 3 14mm
MT9Pソケット側
14mm 3 3
バリオーム側

⑯ 9cm
3 3 14mm
MT9Pソケット側
14mm 3 3
バリオーム側

⑭ 11.5cm
3 3 14mm
フロントのRCA入力側
10mm 3 3
MT7Pソケット側

この1本は片側アースにしますのでMT7Pソケット側のシールド網線は切り落とします。
そのため剥く長さも少し短くします。

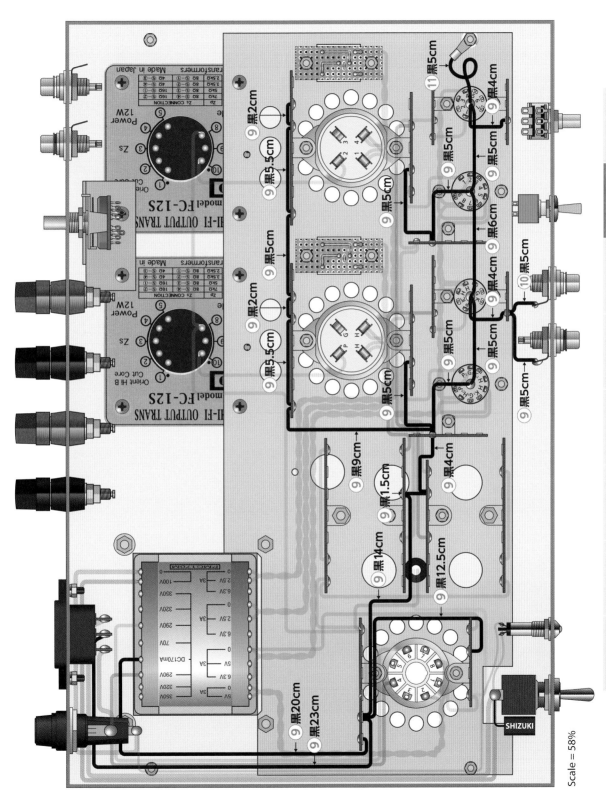

残りの配線（信号回路）をしていきます。順番を間違えても大丈夫ですが、順番通りの方がやりやすい、と言う理由でこのような順番になっています。

単線はAWG20の線材を使っていますが、AWG22以上の太さであれば問題ありません。

今回使用のシールド線は太めで邪魔になって他の作業がしにくくなるため、⑫以外はなるべく後で配線します。

⑫ まずシールド線の両端処理（P83, P84）をし、リアパネルの入力ジャックとフロントパネルの入力切替スイッチの間を配線します。トルグスイッチは下側から順番にハンダ付けしないとやりにくいと言う理由でこの配線を優先させます。

なお、図はトグルスイッチの背面が見えるよう、外した状態で表示していますが、実際には取り付けた状態で配線します。

⑬ 黄色と緑色の配線を全てやっていきます。MT9Pの7番ピンだけは後でシールド線もハンダ付けしますので、仮止めにしておきます。

⑭ L-chの入力ジャックからMT7Pの6番ピンへの配線をします。ここはL-chのみ少し長くなるのでシールド線を使います。MT7P側は後で抵抗と一緒にハンダ付けしますので、仮止めにしておきます。

⑮⑯ バリオームからMT9Pの7番ピンへシールド線の配線をします。アース側はMT9Pのセンターピンへ追加でハンダ付けします。バリオーム部分が⑮を先にした方がやりやすいでしょう。

⑰ 出力トランスとロータリースイッチ（インピーダンス切替えスイッチ）の間を配線します。

⑱ 黒はアプトプットトランスの5番ピンへ、赤はロータリースイッチへ配線します。スピーカー端子側は圧着端子の金具にハンダ付けし、それをスピーカー端子に付属のナットで締め付けます。

先に圧着端子を締め付けてからハンダ付けするとスピーカー端子が溶ける可能性があるので避けてください。

ここまで終わりましたら、良くチェックしてください。
この後、CR類を取り付けると見にくくなります。

OKでしたら結束バンドでまとめていきます。

ハムバランス調整基板の多回転トリマー中点に緑色の線材をハンダ付けします。基板の位置に注意してください。

右頁の図ではRCA入力ジャックのアース側の黒線が見やすいよう右側になっていますが、実際には上にしています。どちらでもやりやすい方で構いません。また、シールド線の芯線が長くてハンダ付けしにくかったので、少し短く切っています。

スピーカー端子は先に圧着端子に線材をハンダ付けしてからナットを締めています。圧着端子が手に入らなければ直接ハンダ付けしても構いませんが、ネジ部にハンダが流れないよう注意してください。後で何かあった時にナットを回して取れなくなります。

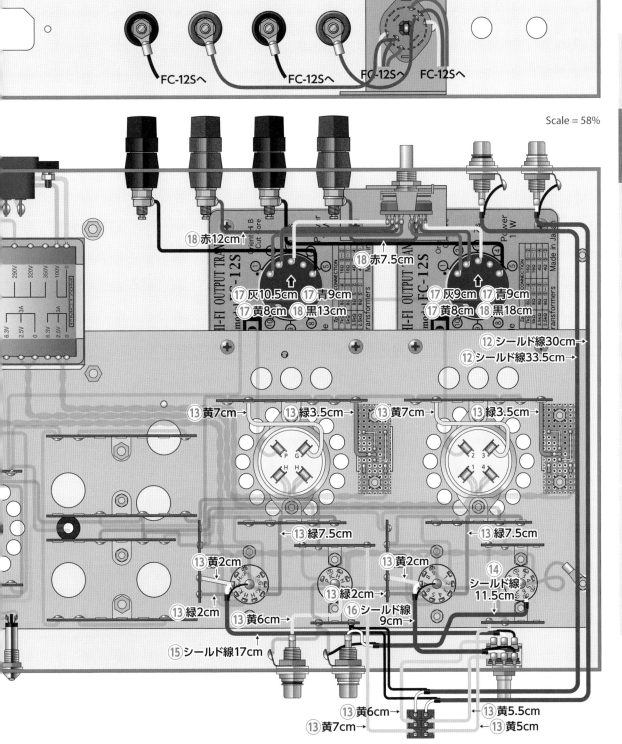

Scale = 58%

⑱ 赤12cm↑

⑱ 赤7.5cm

⑰ 灰10.5cm ⑰ 青9cm

⑰ 黄8cm ⑱ 黒13cm

⑰ 灰9cm ⑰ 青9cm

⑰ 黄8cm ⑱ 黒18cm

⑫ シールド線30cm→

⑫ シールド線33.5cm→

⑬ 黄7cm→ ⑬ 緑3.5cm→

⑬ 黄7cm→ ⑬ 緑3.5cm→

←⑬ 緑7.5cm

←⑬ 緑7.5cm

⑬ 黄2cm

⑬ 黄2cm

⑭ シールド線 11.5cm

⑬ 緑2cm→

⑬ 緑2cm

⑬ 黄6cm→

⑯ シールド線 9cm→

⑮ シールド線17cm

⑬ 黄6cm→   ←⑬ 黄5.5cm

⑬ 黄7cm→   ←⑬ 黄5cm

FC-12Sへ   FC-12Sへ   FC-12Sへ FC-12Sへ

いよいよCR（コンデンサー・抵抗）類を取り付けていきます。

右図のように取り付けますが、絵が重なっている部分はCR類のリード線を折り曲げて、立体的に取り付けます。その際、下になるのは必ず抵抗で、コンデンサーは必ず上になるようにします。

これはひっくり返してアンプ使用時は熱を出す抵抗が上になり、コンデンサーが熱で炙られないようにするためです。

CR類は番号を付けていませんので、右図のパーツはどこから始めても構いません。先に取り付けるとやりにくくなるところは後からつけることにし、次の頁に表示しています。

リード線同士がくっついてショートしないように注意してください。もし心配でしたらエンパイアチューブや熱収縮チューブを被せて配線すると良いでしょう。

(19) 抵抗や電解コンデンサーのリード線を折り曲げて隣のラグまで配線します。その際、後で電解コンデンサーを同じラグに取り付ける所は、リード線を折り曲げるだけにし、後で同時にハンダ付けします。

(20) ここは抵抗のリード線を折り曲げてジャンプしますが、ラグ板のセンターピンにショートしないよう、エンパイアチューブか熱収縮チューブを被せます。

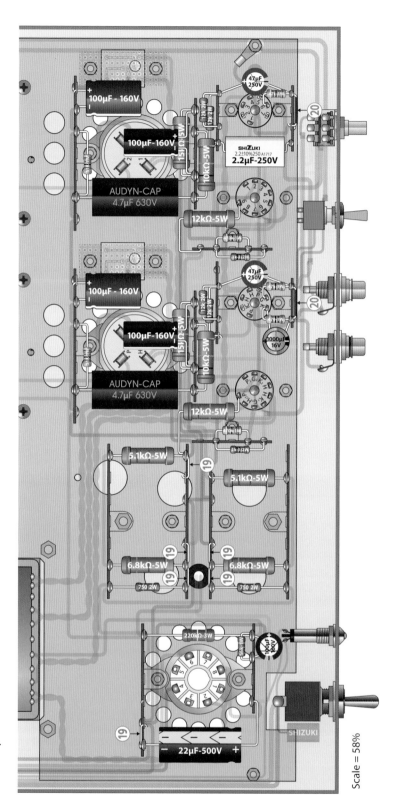

Scale = 58%

この頁は後に取り付けるパーツです。先に取り付けてしまうとハンダ付けがやりにくくなるため後にします。

最後にボリュームツマミとSPインピーダンス切替えスイッチのツマミを取り付けて製作作業は完了です。

立体的に配線します。リード線をしっかり折り曲げてショートしないようにします。

パーツを上下に配する場合、コンデンサーを上、抵抗を下にします。(使用時は逆になります)

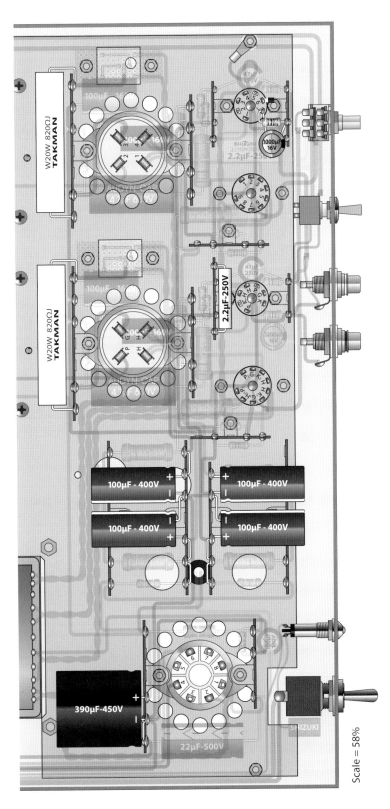

Scale = 58%

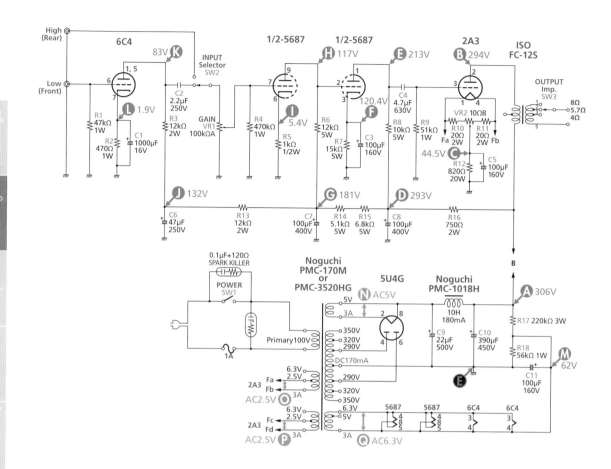

本機はセルフバイアスのシングルアンプですので調整箇所はほとんどありません。しいて言えばハムバランスの調整です。

ハムバランサーのトリマーはシャーシーをひっくり返さなくても廻せるようにしましたので、だいたい中心あたりにセットしておき、全ての真空管を挿します。

その状態でひっくり返して電圧を確認しますので、ボンネットを取り付けると良いでしょう。

高圧部分の測定をしますので、手袋をするとベターです。

また、初回電源投入時は万が一、

煙が出た時に見えるよう、部屋を明るく、静かにしてください。

用意ができましたら電源を入れます。

この瞬間が一番ドキドキする時です。

15秒位で所定の電圧になりますので、変な音やニオイがしないか、煙が上がってこないかなどを耳と鼻と目で注意深くチェックします。

もしヒューズが切れる、煙が上がったなど、問題がある場合はすぐに電源を切り、**数分おいて電解コンデンサーが放電してから**間違いがないかチェックをします。

AC1次側とヒーター配線は以前にチェックして問題がないことが解っていますので、まずは高圧部分からチェックしていきます。

Ⓐなどの橙色箇所のチェックは全てテスターをDCレンジにし、テスター棒のマイナスをⒺ部分に当ててプラス側各部をチェックします。

線が繋がっていれば他の箇所でテストしても良いのですが、一応、テスター棒が滑らないなど、安全性の高そうなポイントを指示しています。とくに出力トランスの端子は滑りやすいので、間違ってショートしないよう避けています。

Beam Single

2A3 Single

Headphone

Point

Circuit Processing

Other Work

Industrial Tool

Shop List

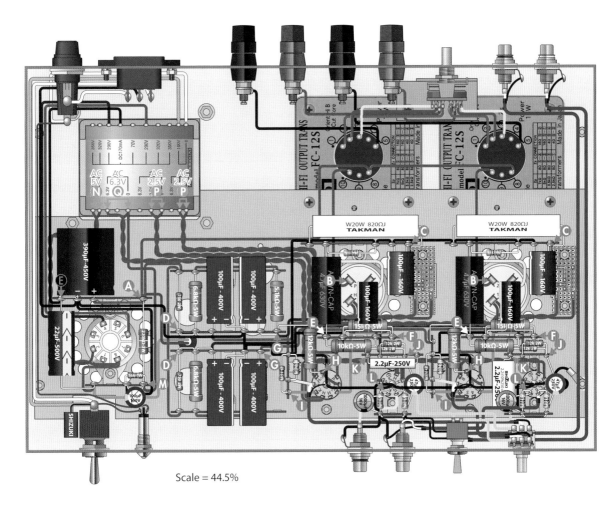

Scale = 44.5%

　測定結果は回路図表記の±5%以内に入っていればOKです。

　本機は挿し替え式ではないので、わりと近い電圧になると思います。

　但し真空管アンプは真空管のエミッション（消耗度）で電圧も変わりますので、神経質にピッタリ合わなくてもOKです。

　もし電圧が大きく違うようでしたら、どこかに間違いがあります。トラブルシューティング（P170）をご覧ください。

　フィラメント・ヒーターの電圧測定はテスターにACレンジがあり、真の実効値に対応している必要が

ありますので、お持ちの方は🅝🅞🅟🅠の矢印両端にテスター棒をあてて測定してください。

　電圧チェックが全て終わりましたら一旦電源を切り、底板を取り付け、使用状態に戻し、ボンネットを外して使用状態にします。

　最後にハムバランスを調整します。ダミーロードとミリボルト計がある場合はスピーカー端子に接続し、ボリュームは最小にしておきます。無い場合はスピーカーをつなげ、耳で聞きながら調整します。電源を入れ、数分温まってからハムが最小になるようにトリマーを廻し

て調整してください。

　これで全作業終了です。長い間お疲れさまでした。

コアドライバーでハムバランスの調整中。普通のマイナスドライバーでOKです。

一応本機の特性を測定してみました。音楽を聴いて決めるべきですが、特性上でも当初の目的は達成できたと思います。

なお全て左チャンネル、8Ω負荷、フィルター類は全てOFF、補正なし、の条件で測定しています。

入出力特性

通常使用のリア入力時は、クリップが始まる点を定格出力とすると0.5V入力時に3.65Wでした。2A3の標準的な出力です。

入力感度はリア入力でも充分ですが、スマートフォンなどはフロント入力につなげると、0.05Vで同じ出力が得られ、6C4によるプリアンプのゲインが設計通り20dBとなっています。

クリッピングポイントを過ぎても徐々に歪みが増えますが出力もどんどん増えます。

周波数特性

リア入力時、10Hz～40kHzが-1dB以内に収まっており、古典管シングルにしては広帯域です。これは優秀な出力トランスと低インピーダンスドライブの賜物です。フロント入力時でも僅かに低下するだけで、ハイレゾ対応と言えそうです。

歪率特性

無帰還にしては悪くない特性です。3極管シングルらしいソフトディストーションカーブで2A3の醍醐味が味わえそうな結果となりました。

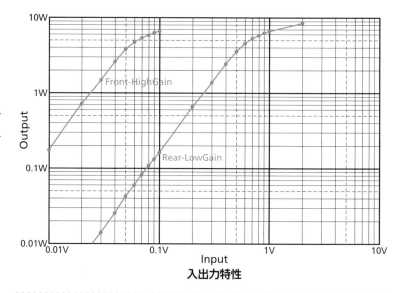

入出力特性

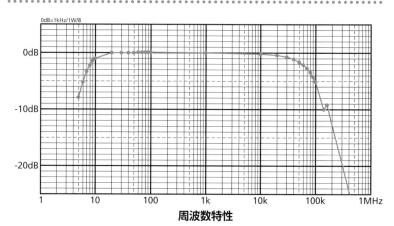

周波数特性

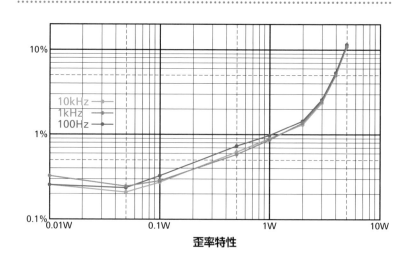

歪率特性

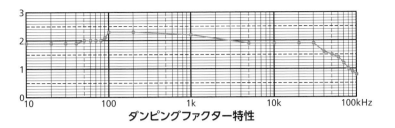

ダンピングファクター特性

ダンピングファクター特性

可聴帯域の平均は2.2で通常の無帰還2A3シングルよし少し高めになりました。こちらも5687による低インピーダンスドライブの効果が少し出ています。

その他

入力ショート時の残留雑音は左チャンネルで0.6mV、右チャンネルは0.46mVでボリュームの位置に関係なくこの数値でしたので、こちらも無帰還・交流点火にしては良好な数値でした。ハムバランサーを高分解能な調整機能にした効果が出ています。RAタイプの巻線抵抗型ハムバランサー(電力型のバリオーム)だけでは調整点がクリティカル過ぎてここまで低くできません。

本機の定格

定格出力	3.6W+3.6W
最大出力	5W+5W
出力インピーダンス	4Ω、5.7Ω、8Ω (リアスイッチ切替式)
入力感度	Low (Rear):0.5V、High (Front):0.05V
入力インピーダンス	Low (Rear):82kΩ、High (Front):47kΩ
ゲイン	Low (Rear):21.3dB、High (Front):41.3dB
周波数特性	10Hz〜40kHz at-1dB、7.5Hz〜74kHz at-3dB
歪　率	0.87% at1W・1kHz、0.25% at50mW・1kHz
ダンピングファクター	2.2 (可聴帯域平均)
チャンネルセパレーション	Low (Rear) at1kHz:L→R:67.1dB、R→L:60.8dB
	High (Front) at1kHz:L→R:61.9dB、R→L:60.9dB
残留雑音	0.6mV
消費電力	118W
最大外形寸法	W357×D274×H199mm (突起物含む・ボンネット付き)
重　量	11.8kg (ボンネット付き)

測定結果

本機は数dBのNFBを掛けた場合と同じくらいの性能を発揮できました。

特筆すべきは周波数特性です。10Hz〜40kHzがほぼ-1dB以内に収まっており、-3dBの範囲で見ると7.5Hz〜75kHzと無帰還のシングルアンプにしてはかなり広帯域です。もちろんピークやディップもなく、安定度も抜群です。出力トランスが大変優秀な結果です。

入出力特性はほぼ設計値通りですので大変使いやすいゲイン配分となりました。

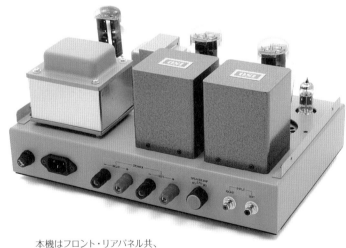

本機はフロント・リアパネル共、
操作スイッチや端子類が多いアンプですので、
操作間違いをしないよう文字を入れると良いでしょう。

「文字シール作成」はP168をご覧ください

回路の説明

本機の設計コンセプトの細かい部分について解説します。難しいことを説明しますので、興味のある方だけ読んで頂ければ結構です。

ドライブ回路

2A3や300Bなどの古典管は入力感度が低く、高いドライブ電圧が必要なことは良く知られています。

真空管パワーアンプの基本は図1のような2段増幅です。古典管をドライブする場合、高μ3極管の12AX7などでゲインが足りるようにするためには、ドライブ電圧確保のためRpとRgを大きくしないといけません。

しかしRpやRgを大きくすると周波数特性（とくに高域）が低下します。また古典管はロットによってはRgが大きいと暴走するものもあり、そのため図1のような3極管1段によるドライブはあまり採用されません。ましてやNFB（負帰還）を掛けるにはゲインに余裕がありません。

でも入力感度の良い6GA4、6RA8など現代管のドライブにはこの回路でもそこそこの性能を確保できます。

次に図2のように5極管でドライブすることが考えられます。5極管はさらに高μでゲインに余裕があるため、RpとRgを小さくすることができます。さらに余ったゲインを利用してNFBも掛けることができます。

300Bを使ったアンプで有名なWE91アンプも5極管の310A（B）でドライブされています。但しこちらは当時高μの3極管がなかった、と言う違う理由のようです。

5極管によるドライブはパワー管との間で歪みの打ち消しができないため、低歪みにしたいと考えるとNFBがどうしても欲しくなります。

現代では無帰還もしくは低帰還が良しとされる時代ですので、3極管ドライブに戻したくなります。

そこで図3のように3極管2段によるドライブで低歪みとゲイン不足も補おうとする考え方が出てきます。

さらにパワー管をローインピーダンスドライブして力強い音を得ようとカソードフォロワー段も入れた回路（図4）が昭和後期には流行りました。

但しこの回路は送信管などのグリッドをプラス領域まで振り込めるパワー管で真価を発揮しますが、2A3や300Bなどの低周波管ではドライブ過多になりますので、通常は違うアプローチでローインピーダンス化をするケースが多いです。

本機ではローインピーダンスで広帯域を実現するため、3極管2段構成によるドライブにしました。ここに超低内部抵抗の5687を使用することにより、さらにローインピーダンス化ができます。これにより現代のソース、ハイレゾ音源にも対応させています。

当初NFBを掛けるつもりで5687の2段は時定数を減らす目的で直結にしましたが、構成を考えているうちに、NFBを掛けなくても良いかな？と言うことになりました。

その場合、気になるのはダンピングファクターですが、もし足りないと感じる場合は出力トランスのインピーダンスを変更して対応することにしました。

そんなこともあり、コンデンサーは全てスタガー比を大きめにとる

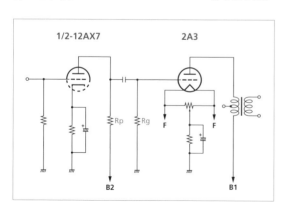

図1／2段増幅（ドライブ部3極管1段）

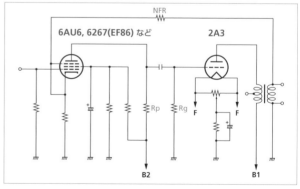

図2／2段増幅（ドライブ部5極管1段）

容量にしています。

ゲイン調整と歪みを減らす目的で初段5687のカソードバイパスコンデンサーはなしにしています。

パワー管の動作

主役の2A3はシングルで使います。PP（プッシュプル）の方が効率が良く出力も大きくできて数字の上では全てにおいて高性能です。

しかしシングルアンプの良いところは位相反転がいらず大変シンプルにできるので音の鮮度が高いと言うメリットがあります。

シングル出力段はトランジスタやFETのアンプでは放熱の問題もあり、効率が悪すぎてほとんど採用されません。もともと熱を出して電子を飛ばす真空管アンプならではですので、ぜひA1級シングルの音を楽しみたいものです。

2A3は現代としては出力が小さいので、ほとんどの場合RCAが発表する標準仕様のプレート損失、最大定格の15Wで設計するケースが多いですが、本機では少し余裕を見て13.5Wが設計値です。それでも定格出力の3.5Wは余裕で出ますので、十分かと思います。

本機では自己バイアス（セルフバイアス・図5）を利用しています。固定バイアス（フィックスドバイアス・図6）の方が電圧の利用効率が良く、出力低下が少なく性能的には上ですが、シングルアンプでは回路が簡単になり部品点数も少なく済み、出力も大した差ではないと

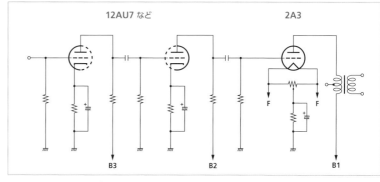

図3／3段増幅（ドライブ部3極管2段）

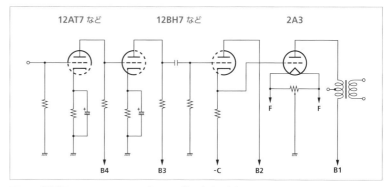

図4／3段増幅＋カソードフォロワー（ドライブ部3極管2段）

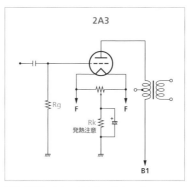

図5／自己バイアス（セルフバイアス）

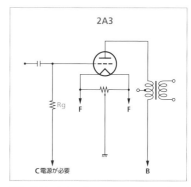

図6／固定バイアス（フィックスドバイアス）

考えられることが多く、パワー管の暴走事故も防げるメリットもあることから自己バイアスが多く採用されます。

欠点の一つになりますが、Rkはかなり発熱して電力をムダに捨てていますから、放熱に気をつけないといけません。

フィラメントは交流点火です。直熱管は電源ハムを拾いやすく、最近では直流点火するケースが多いですが、2A3は2.5Vと言う低電圧が幸いして交流でも割と低いハムレベルを実現できます。また、フィラメントの両端の電位差を気にして交流点火に限る、と言うマニアも多いと聞きます。

プリアンプ

現代の音源には携帯型音楽プレーヤーやスマートフォンがありますが、機種によってはフルボリュームにすると歪が目立つことがあります。

そこで本機ではハイゲイン入力を実現させるため、6C4による+20dBのプリアンプを内蔵しました。

フロントパネルの端子はスマートフォン用のハイゲイン入力、リアパネルの端子はCDデッキやチューナー等用のローゲイン入力端子とし、スイッチで切換えられるようにしました。

電源部

B電源はシンプルな整流管整流、コンデンサーインプットによるπ型フィルターです。(図7)

他にチョークインプット方式があり、レギュレーション(電圧変動率)が良くなるため音が良いとされています。

しかしチョークインプットはリップルが大きい(電源ハム・ノイズが大幅に大きくなる)、チョークコイル(図8のCH)に専用のものを使わないと大きな唸りを出す、電圧利用効率は低いため、出力電圧が低くなる、などのデメリットが大きくのしかかるため、あまり使われていません。使用するのは電圧変動率の大きいB級動作のアンプに限られます。

これらのデメリットは頑丈な板厚のシャーシーを使い、専用チョークを強く締め付ける、C2の容量を大きくする、トランスの出力電圧を上げる、などで克服できるため、物量を投じた高級アンプなどではA級動作でも使われているものもありますが、現在の技術でしたら定電圧回路を入れた方がてっとり早い、と考えるマニアも多くいます。

他に整流管を使わず図9のようにシリコンダイオードで整流すれば大変効率も良く、C1も大きくできる(限度はありますが)ため、低ノイズで高性能な電源にすることができます。

では整流管を使う意味は?と聞くのは、なぜ真空管アンプを使うのですか?と聞くのと同じです。

整流管は古くから効率だけでは語れない「味」があり、音も良いと言われています。おそらく動作が鈍感なのでノイズも通しにくいと言った理由によるものかと思われます。もっとも電源ON時にジワっと電圧が上がるため、他の真空管、とくに古典管に優しいと言うメリットもありますので2A3にはうってつけです。

なお出力電圧が大きく変わるため、単純に整流・平滑方式を変更することはできません。最初から決めて設計する必要があります。

本機の整流管は5U4Gの他にGT管の5U4GBも使えます。

5R4GY、274Bなどは同じピンアサインですので急場しのぎで使うことはできますが、コンデンサーインプット容量をオーバー、または定格出力電流を若干オーバーしますので常用は避けてください。

5AR4や5GK22などの傍熱型の近代管は出力電圧が高くなりますのでやはり避けてください。

π型フィルター部分のコンデンサーインプット側(図7のC1)の容量は理論上大きければ大きいほどレギュレーションが良くなり、ハムレベルも小さくなります。

しかし電源ON時のラッシュカレントで整流管に負担が掛かるため、実際には自由に大きくできず、整

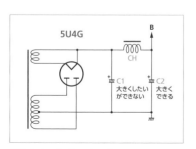

図7／コンデンサーインプット

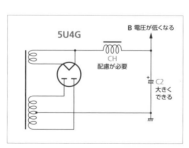

図8／チョークインプット

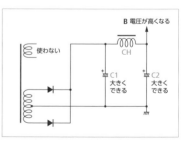

図9／シリコンダイオード整流

流管に何を使うかで決まります。

本機の場合、22μFがギリギリで、これより小さいとハムが大きくなり、大きいと整流管に負担が掛かります。

当初色々なメーカーの規格表を調べても、ここの許容量がまちまちで、安全圏を見て22μFにした経緯があります。しかしBrimar製の5U4Gでは32μF、SYLVANIAでは40μFmaxと書かれていましたので33μFにしても良いかも知れません。

東芝では10μFとありますが、実効プレート電源インピーダンスを上げれば増やしても良いと書いてあります。

この記述が理由で電源トランスのB巻線と直列に抵抗を入れることも考えましたが、使用電圧・電流から安全と考え、レギュレーション重視で入れないことにしました。

次のコンデンサーは200μF以上あれば残留雑音を1mV以下にできますので、入手しやすいもので結構です。本機では390μF/450Vのものを使用しました。注意すべきは容量と耐圧によって大きさがかなり変わりますので、スペースに入るかどうか注意してください。

本機の場合、スタートアップ時にこの部分は一時的に330Vまで上がり、すぐに回路図表記の電圧まで下がります。もし後で300Bへの改造を考えないのであれば、耐圧350V以上あれば大丈夫です。350Vのコンデンサーであれば820μFのものもありました。

挿し間違い防止

本機は球の挿し間違いを防ぐため、プリアンプ部はMT7Pの6C4、ドライバー段はMT9Pの5687、パワー管はUX4Pの2A3、整流管にはUS8Pの5U4Gを採用しました。

ピン数が全て違うため、これで挿し間違えることはありません。

プリアンプ部はチャンネルセパレーションと見た目を考えて6C4を2本にしましたが、12AU7を1本で左右に振り分けても同じ回路で可能です。但しMT9Pになりますので5687と挿し間違えのリスクが出ます。

改造のための配慮

本機では300Bへの改造を考慮した設計にしています。そのためドライバー段の出力、抵抗のワット数、コンデンサーの耐圧等は2A3の場合には余裕となっています。

なお、2A3のフィラメントは電圧は低くてハムが出にくいので交流点火、300Bの場合は整流・平滑回路を追加して直流点火になるようにしています。

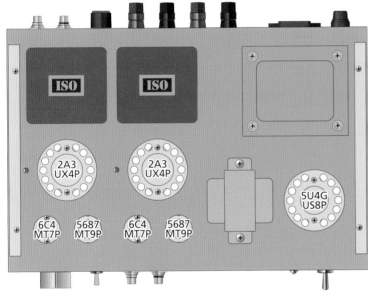

全て違う種類のソケットになる真空管を選択

底板を取り付けた状態

電力増幅管の規格

球　名	2A3	300B
接続図	P(2) (3)G / F(1) (4)F	P(2) (3)G / F(1) (4)F
ヒーター電圧/電流	2.5V/2.5A	5V/1.2A
最大定格	設計中心	設計中心
プレート電圧	300V	400V
プレート損失	15W	36W/40W
プレート電流	---	100mA
グリッド抵抗（固定バイアス）	50kΩ	50kΩ
グリッド抵抗（自己バイアス）	500kΩ	250kΩ
代表動作例 A1級シングル		
プレート電圧	250V	350V
プレート電流	60mA	60〜77mA
第1グリッド電圧	-45V	-74V
カソード抵抗	(750Ω)	(1233Ω)
総合コンダクタンス	0.525mS	0.5mS
プレート内部抵抗	800Ω	790Ω
増幅率	4.2	3.9
負荷抵抗	2.5kΩ	4kΩ
出　力	3.5W	7W
歪　率	5%	5%

電圧増幅管の規格

球　名	6C4	5687	
接続図	H(4) P(5) / H(3) (6)G / IC(2) (7)K / P(1)	H(5) H(4) 1K(3) / 2K(2) (6)1G / 2G(1) (7)Hct / 2P(9) (8)1P	
ヒーター電圧/電流	6.3V/0.15A	6.3V/0.9A 12.6V/0.45A	
最大定格	設計中心	設計中心	
ヒーター電圧誤差	---	5%	
プレート電圧	300V	300V	
耐逆プレート電圧	---	1000V	
プレート損失	3.5W	4.2W	
全プレート損失	---	7.5W	
カソード電流	---	65mA	
ヒーター・カソード間耐圧	90V	90V	
グリッド抵抗	1MΩ	1MΩ	
バルブ温度	---	220°C	
代表動作例 A1級シングル			
プレート電圧	100V	120V	250V
プレート電流	11.8mA	36mA	12mA
グリッド電圧	0V	-2V	-12.5V
総合コンダクタンス	3.1mS	11.5mS	5,4mS
プレート内部抵抗	6250Ω	1560Ω	3000Ω
増幅率	19.5	18	16

●パワー管はベースになる開発元のデータを記載しています。2A3はRCA、300BはWestern Electricのものです。

●300Bのプレート損失は前期型/後期型です。

●メーカーにより発表規格が違う場合は小さい方の電圧・電流値を掲載しています。例えば5687の最大プレート電圧は東芝発表値は設計中心最大値で300Vですが、TungSol発表値は絶対最大定格で330Vです。

●プレート電流と第2グリッド電流が範囲で示されている場合は、ゼロ信号時〜最大信号入力時の電流です。

整流管の規格（コンデンサーインプットのみ）

球　名	5U4G		5U4GB	
接続図	2P(4) 1P(6) F(2) (1)(8) NC F		2P(4) 1P(6) F(2) (1)(8) NC F	
ヒーター電圧/電流	5V/3A		5V/3A	
最大定格	設計中心		設計中心	
尖頭耐逆電圧	1550V		1550V	
尖頭プレート電流	各675mA		各1000mA	
入力コンデンサー	10〜40µF		40µF	
代表動作例（各プレートごと）	コンデンサー入力		コンデンサー入力	
交流プレート供給電圧	300V	450V	300V	450V
入力コンデンサー	40µF	32µF	40µF	40µF
実行プレートインピーダンス	各35Ω	各75Ω	各21Ω	各67Ω
直流出力電流（全負荷）	245mA	225mA	300mA	275mA
直流出力電圧	290V	430V	290V	460V

GT管の5U4GB。ST管よりも小型なので主役のパワー管を引き立たせたい場合は、こちらを選択するのも良いかも知れない。

COLUMN　UX4Pソケットの向きによる挿し間違い

　2A3や300BなどのUX4P規格のソケットは挿す向きがあり、間違うと真空管やアンプを壊してしまいます。

　一応、間違わないようフィラメントが接続される1番と4番ピンは太くなっているのですが、一見して解りにくく、無理に挿そうとすると間違った向きでも挿せてしまいます。

　ソケットの方も昔のものはフィラメントの太い側には突起のマークが付いていましたが、最近のソケットにはマークが付いておらず、真空管挿入時には注意が必要です。

　UY5Pの場合はピンの角度のせいで物理的に違った向きには挿入できず、事故は起こりませんが、UZ6PもUX4Pと同じで挿し間違う可能性があります。

　こちらもヒーターの1番と6番ピンは太くなっており、矢印もあります。昔のソケットにもマークがあります。

　UX4PやUZ6Pソケットの真空管を挿す時は向きに注意してください。

2A3のベース底面。手前の2本がフィラメントで太くなっているが、間違って他の向きに挿せてしまう。

昭和の時代に生産されたソケットにはフィラメント側（太いピンが挿さる側）にマークがある。最近のものにはない場合が多い。写真左からアンフェノール製（USA）、QQQ製（サンキューと読む・日本）、昭和時代のノーブランド品（日本）、平成〜令和時代のノーブランド品（中国）。

UZ-42のベース底面。UZ6Pの場合も手前の2本がヒーターで太くなっているが角度が同じで挿し間違う。

300Bへの改造

2A3は発売当時の1933年ごろは3.5W"も"出せるハイパワー管でしたが、現在では10倍の35Wでもハイパワーとは言えない時代になってしまいました。

ただハイパワーを要求する時代と言うワケではなく、スピーカーの高音質化に伴い犠牲になったのが能率低下と低インピーダンス化です。

この二つはアンプにとっては過酷な条件になりますので、少しでも出力が欲しくなってきます。

通常使用では2A3の3.5Wもあれば充分ですが、本機では少しでもパワーが欲しい方向けに300Bも使えるよう考慮してあります。

300Bは2A3の2倍の出力が得られる名パワー管ですが、バイアスが深いため入力感度もさらに低く、ドライブパワーが要求されます。

本機ではそれも見込んでドライブ段には余裕を持たせ、電源部も対応できるよう設計しました。

但しここからの改造作業は多少の知識や慣れが必要です。

手取り足取り詳しくは説明せず、改造に必要な情報を要点のみ説明しますので、内容が理解できてから作業をするようにしてください。

以下、概要です。

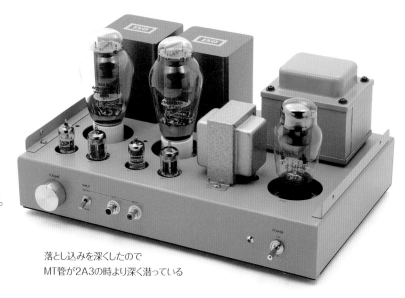

落とし込みを深くしたので
MT管が2A3の時より深く潜っている

電源トランスとタップ変更

まず、電源トランスは2A3の場合、PMC-170MでOKですが、300Bの場合、B電流容量がギリギリですので、PMC-3520HGに変更することをオススメします。コスト

アップになるのと若干重量が増えますが、最初からPMC-3520HGを選んでおくのもありです。

サブシャーシー落とし込み

次に300Bは背が高く、ボンネットに頭をぶつけるため、2A3よりもさらに10mmプラスしてサブシャーシーを15mm落とし込む必要があります。こちらは15mmのスペーサーに変更することで対応します。

実はこの作業が一番手間と時間が掛かります。

ではなぜ最初から15mmにしないか突っ込まれそうですが、私は真空管のベースを持って抜き挿ししたく、そのために落とし込みはな

るべく浅くしたいと考えているためです。

よく古い球でルーズベースになったものがありますが、接着が弱くなっているところにバルブ部分を持ってソケットから抜くと、ベースから剥がれてしまい、動くようになってしまうためです。

しかしこれは無理もなく、当時の技術で数十年も持った接着剤を褒めるべきで、今後は使う側が注意してあげたいことです。

落とし込み量が増えたことで、シャーシー内部が狭く(浅く)なり、そのままではケミコンなど一部のパーツが底板に当たってしまうため、寝かせたり、方向を変えたりしています。

一番背の高いエレクトロハーモニックスの300B(右側)を挿してボンネットを被せてみると、隙間はわずか3mmでした。今のところ手持ちの他社製300Bでこれより背の高いものはなかったので、大丈夫だと思いますが、もしさらに背が高い300Bの場合は各自落とし込み寸法を変えてください。

COLUMN　5687のバラつき

本機で採用したドライバー管・5687は数本挿し替えてみると、大変バラつきの大きい球であることが解りました。(と昔も経験したのを思い出し、忘れていたので頭の中はデジャブでした)

本来、増幅率 (μ) の大きな球はバラつきが大きいことが多々ありますが、5687は低μ球です。

しかし高μ球並みにgm値が大きく、元々がオーディオ用ではないため用途的に問題がなかったのかも知れません。(6080なども同じタイプ)

本機でもGE、Tung-Sol、RCA、東芝などの色々なメーカーで10

本程度挿し替えて特性を見た結果、残留雑音は0.4mV程度のものから3mVを超えるものまであり、歪率も1W・1kHz時に良いものは0.5%程度でしたが、悪いものは2%を超えていました。

しかもノイズレベルが低いからと言って歪率が良いわけでもなく、また、小出力時に歪率が良くても最大出力近辺では他の個体に劣る、さらにそれらが真逆の球もある、と言った具合に、どのメーカーのどの個体が良いとは言い切れません。

そこで本機の測定結果は1番ではないものの「ある程度の良好

な球」を挿入して計測しています。

もしノイズが出るなどのトラブルがあった場合、5687を数本買い、選別が必要になるかも知れません。あまり高価な球でないことが幸いです。

左から東芝・5687WA通測用、GE・JAN-5687WB、RCA・5687。今回歪率が一番優秀だったのは左の東芝5687WA。ノイズはほどほど。

フィラメントの直流点火

その次はフィラメント点火方法です。2A3は2.5Vと低電圧のため、交流点火でもハム音が目立たない特徴がありますが、300Bは5Vのため、満足のできるハムレベルにするためには直流点火にする必要があります。

本機では直流点火用のブリッジダイオードと電解コンデンサー類の取り付け場所を予め考慮してあります。

使用したブリッジダイオードはショットキーバリアダイオード (SBD) タイプで低損失でスイッチング速度が速い利点がありますが、高圧には向かないのと熱に弱い欠

点があります。本機では一応サブシャーシーにビス止めし、熱を逃がすようにしています。電流に余裕があるため、ほんのり温かくなる程度で問題ありません。念のためシリコングリスも薄く塗りました。

電解コンデンサーは2種類使っていますが、入手状況によりそのようにしたまでで、同じものでまったく構いません。

抵抗は20Wのセメントタイプでかなり発熱しますので、他のパーツと接触しないように注意してください。

ドライブ回路定数変更

ドライブ回路は当初、2A3と同じままにしようかと思いましたが、2A3の低電圧仕様では300Bの能

力を充分に引き出せないため、回路は同じでも定数を変更しました。

これによりドライブパワーが必要な300Bの方が2A3よりも高感度入力になってしまいました。

少々入力感度が高すぎるきらいがありますが、素のままを楽しんで頂こうと、そのままにしています。

もしもう少し入力感度を低くしたい場合は300Bのグリッドから初段のカソードへ150kΩの抵抗でNFB (約6.5dB) を掛ければ入力感度が約半分になります。また、歪率、ノイズ電圧なども低下しますので、スペック上では高性能になります。

これらの改造はどこが違うか製作資料のみ次頁以降で表示します。

300Bへの改造

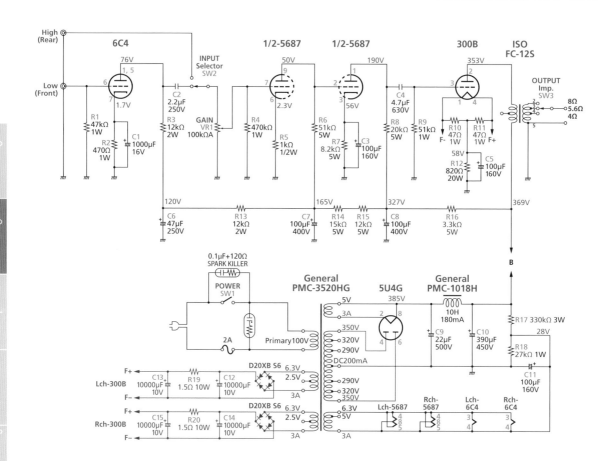

回路図上での説明です。

2A3から変更になる部分は赤で表示しています。

配線後の電圧確認もこの回路図を参照してください。5%程度の違いであれば問題ありません。

B電圧は電源トランスの290V端子から350V端子に変更します。

5687廻りのドライブ回路は定数を変更して300Bへのドライブパワーのリミットを上げます。

出力トランスは3.5kΩとして使います。FC-12Sは2次側の配線を変更して1次側のインピーダンスを変更するタイプです。

なお細かいことですが、出力トランスの3番ピンから出る出力は

5.7Ωから5.6Ωになりますので、リアパネルの表示シールを変えます。どちらにしても6Ωのスピーカーをつなげることを想定しています。

フィラメントは直流点火に変更するため、2.5V端子から6.3V端子に変更し、整流・平滑回路を2組新規で追加します。

また、直流点火にするとハムバランサーを回してもほとんど変化しないため、固定抵抗に置き換えていますが、ここは変更しなくても大丈夫です。

一般的にバリオームは減らした方が少しでも音質が良くなるためと、熱量に対する耐性を上げたために変更しています。

5687のカソード電圧が大きく変わりますので、R17とR18も変更し、ヒーターバイアス電圧も変更しています。

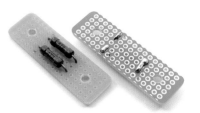

ハムバランサーを撤去したバイアス抵抗基板。サイズに問題がなかったので、基板カット時に少々手を抜いて長いまま。変更しないで2A3と同じままでも良い。交換作業は隙間から指を入れたりピンセットでビスを抑えてなど少々面倒。

COLUMN 本書説明パーツと写真実機との差異

実は本機を製作・改造した時期に採用していたノグチトランスが廃業して一時的にトランス入手困難に陥ってしまったため、本機では春日無線にお願いして電源トランスを特注したものを使用しました。

品番はH30-09035です。特注品ですので高価になりますが、静電シールド・ショートリングも付けてありますので安心です。

品番を言えば同じものを作ってもらえますので、こちらを使用しても製作できます。

但しタップの配置がPMC-170MやPMC-3520HGと違いますので、配線の引き回しが変わってきます。

また、コア部にカッティングシートを巻けないため、塗装による色変更をしています。

H30-09035の仕様

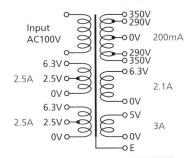

端子と電圧表示位置がズレているので配線の際は注意が必要

カバー・コアとも塗装による色変えをして使用している

もう一つ、サブシャーシーに1.5mm厚のアルミ板を強度アップのため折り曲げて使用したため、2A3から300Bへの改造時にそのままシリコンブリッジ等が取り付けられない欠点が出てしまいました。

そこで6mm厚のアルミ板を加工してステーを作り、はめ込んでいます。

こちらは最初から2mm厚のアルミ板でサブシャーシーを作ってあれば必要ありません。

入手の問題から直流点火用のケミコンは2種類使っています。シリコンブリッジは先に足を曲げておきます。セメント抵抗は狭いですが他に触れないようにしてください。

Tips 板厚がある場合の作業手順

小さなサブアングル等を作る場合、抑えにくくなるので先に穴あけしてから切断するのがセオリーですが、厚みがある板材の場合、垂直に穴あけするのが難しくなるので先に目標サイズに切断し、万力等で固定し穴あけします。

また、小さい穴あけは通常ハンドドリルで

しますが、板厚が6mmもあると大変な時間が掛かるので電動ドリルを使います。両手でしっかり持ち、前後左右から垂直に当たっているか確認し、ブレないよう肘をつき、トリガーはオートにして使用します。もちろん位置ズレの修正も考慮して少し小さい径から穴あけします。

Beam Single | 2A3 Single | Headphone | Paint | Chassis Processing | Other Work | Industrial Tool | Shop List

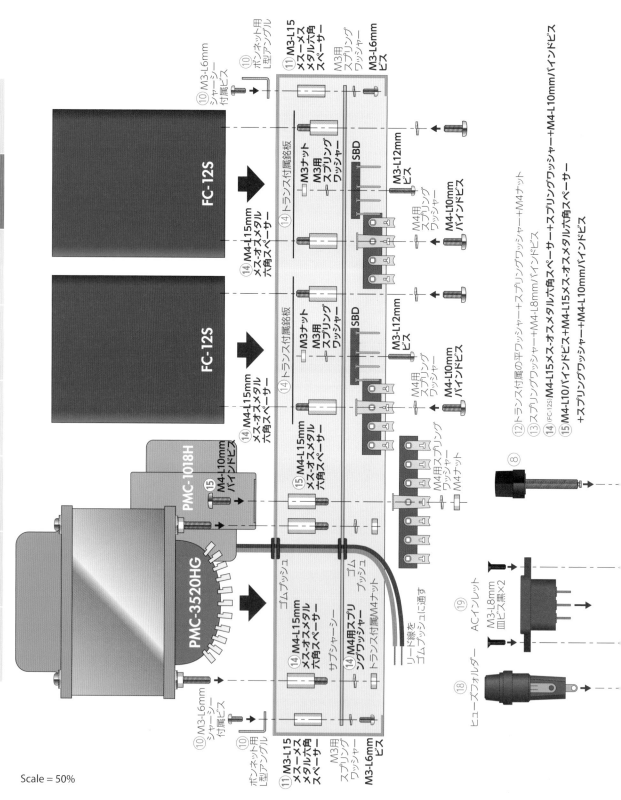

Scale = 50%

太字のところが2A3から変更になるところです。

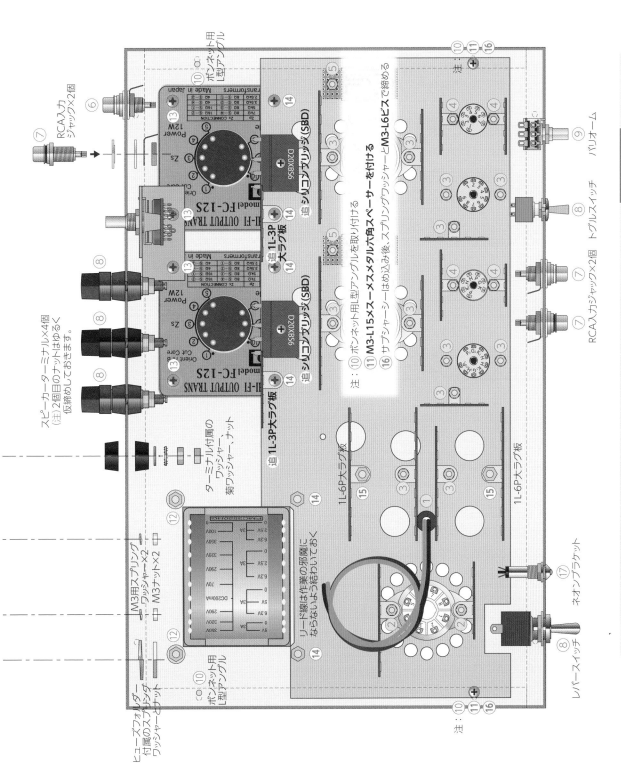

改造後の測定結果です。参考までに2A3のグラフも重ねてみますので、特性の違いを見てください。

入出力特性

左右でずいぶんレベルが違いますが、これは前述の5687の特性の違いです。5687を左右入れ替えればレベルも逆になります。この程度なら通常試聴でそれほど気にならないと思いますが、気になるようでしたらペアチューブなど、特性の揃った5687をお使いください。定数を変えたせいで300Bの方がかなり高感度です。

周波数特性

300Bの方がわずかに低域寄りとなりました。たいした違いではありませんが、高域は2A3の方が明らかに伸びています。

歪率特性

少々以外だったのが歪率です。全域に渡って300Bの方が低歪ですが、3極管らしくなく、少し5Wあたりにクリップが目立つ形になりました。

これは色々定数を変えて実験してみた結果、5Wあたりまで打ち消し効果が出たためでした。

ただクリッピングポイントは5Wあたりですが、歪率1.4%程度と低いため、歪っぽさは感じません。歪率5%あたりを定格出力と見た場合、7W近くと見て取れます。

最大出力が少し小さい感じも受けますが、これは供給電圧が300Bアンプにしてはかなり低いためです。

入出力特性

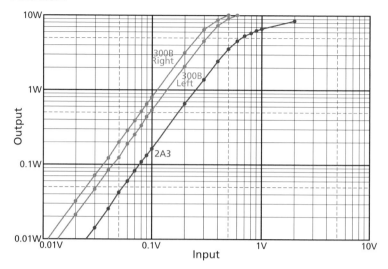

周波数特性

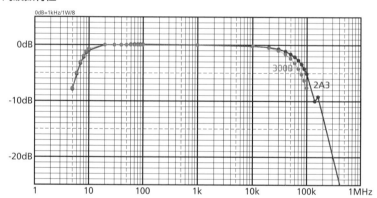

歪率特性

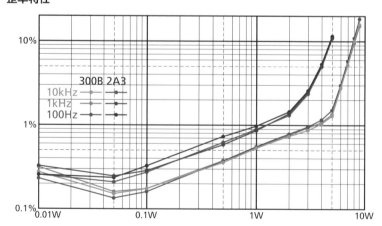

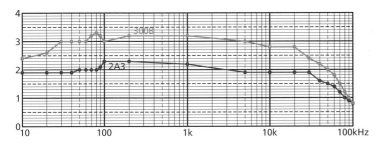

ダンピングファクター特性

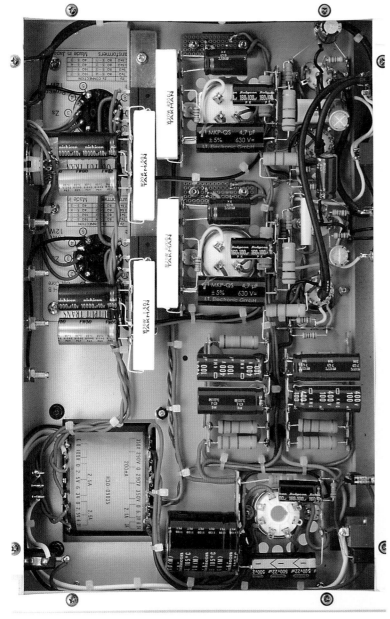

ダンピングファクター特性

可聴帯域の平均は3.2でOPTを3.5kΩで使う300Bとしては標準的です。無帰還でこの数値が出るのですからさすが300Bです。

その他

打ち消し効果が出たため、5687を変えると特性がコロコロ変わります。

と言うことは5687の個性が出てしまったかな?と少々反省していますが、音自体は300Bらしい包み込むような満たされる音が楽しめますので、これで良しとしました。

最大出力付近の特性は整流管を5AR4にする、整流方法をシリコンブリッジにする、などでもっと改善できると思いますが、通常使用音量の音を重視しました。

本機の定格

定格出力	7W+7W
最大出力	8W+8W
出力インピーダンス	4Ω、5.6Ω、8Ω
入力感度	Low (Rear) : 0.4V
	High (Front) : 0.04V
入力インピーダンス	Low (Rear) : 82kΩ
	High (Front) : 47kΩ
ゲイン	Low (Rear) : 27.0dB
	High (Front) : 47.3dB
周波数特性	9Hz～30kHz at-1dB
	7Hz～56kHz at-3dB
歪　率	0.54% at1W・1kHz
	0.17% at50mW・1kHz
ダンピングファクター	3.2 (可聴帯域平均)
チャンネルセパレーション	Low (Rear) at1kHz
	L→R：53.9dB
	R→L：63.6dB
残留雑音	0.76mV
消費電力	142W
最大外形寸法	W357×D274×H199mm
	(突起物含む・ボンネット付き)
重　量	11.8kg (ボンネット付き)

調整中の内部の様子。まだキズ防止の養生をしたまま。
電源トランスは春日無線の特注品が使われています。

27/37/56/76

Stereo Headphone Amplifier

- UY-27/37/56/76の挿し替え式
- 6DJ8のカスコード接続による低インピーダンス
  ドライブ、古典管でも広帯域でハイレゾ対応
- 8～64Ω程度のヘッドホンを想定、
  インピーダンス切換えスイッチ付き

加工難易度：★★★
組立難易度：★★★
配線難易度：★★★

音の良いヘッドホンアンプが欲しいと思い計画を立てていたところ、保管箱にある27や76などの古い電圧増幅用のST管に目が止まりました。

できればメーカー製になく、あまり例のない、自作でしか手に入らないようなアンプにしたいと考え、今回は使用例が少ないこれらの球を使用したヘッドホンアンプを製作してみました。

電圧増幅用として開発された27〜76は、現在では増幅率が小さく、ヒーター電力も大食い（電圧増幅管にしては）で本来の用途では使いにくい感がありますが、プレート特性の直線性が良く、MT管と違ってガラスやプレートのサイズも大きいので多少の無理は効き、本機のような用途にはうってつけです。

ヘッドホンアンプであれば出力が小さくて済むので、安価に入手できる電圧増幅管を利用できます。

また、デビュー当初・昭和初期のものはナス管、プレートが動かないように改良されたST管と、2種類の形があり、見た目も楽しめます。

・・・

設計にあたり予備実験をしてみたところ、103dB/mW 能率のヘッドホンに 10mW の出力を与えたところ、かなりの爆音になりましたので、最大出力は 50mW（0.05W）もあれば十分かと思います。

本機では古典管でも現在の音楽ソースを満足に再生できるよう吟味したアンプとしました。

デザインは古典球をパワー管として使いますので、あまり奇抜なものにせず、少しレトロな風合い

の方が良いと考え、トランスは落ち着いたつや消しの青色にし、古典球を保護するボンネット付きのシャーシーをグレーに塗装して使用しました。

少々入手難易度は気になりますが、27、37、56、76 のどれかが手に入りましたら、質の良いヘッドホンアンプを1台製作されてみてはいかがですか。

ボンネットをかぶせたところ

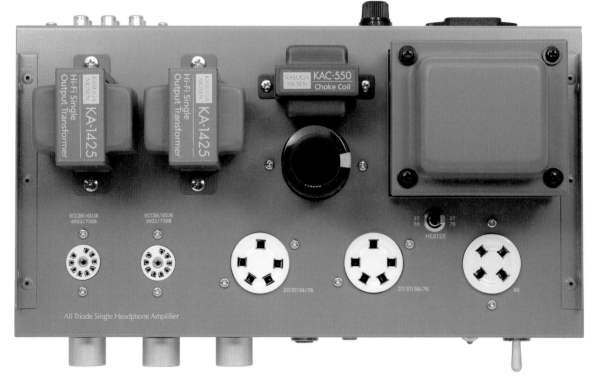

トランスは見栄えを良くするためにシールを作って貼り付けた

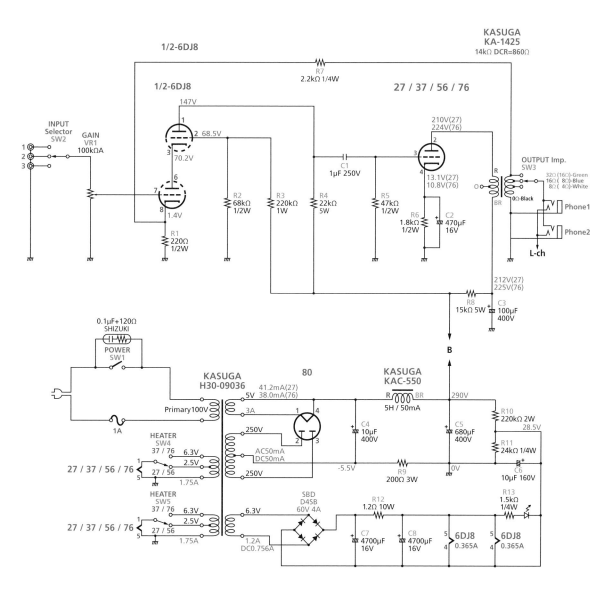

※L-chはR-chと同じ回路ですので省略しています。（**B**から上のまったく同じ回路です）

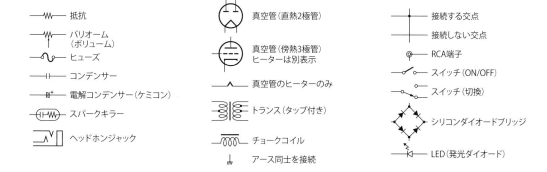

─〜〜─	抵抗	真空管（直熱2極管）	接続する交点
─〜〜─	バリオーム（ボリューム）	真空管（傍熱3極管）ヒーターは別表示	接続しない交点
─〜〜─	ヒューズ	真空管のヒーターのみ	RCA端子
─╢├─	コンデンサー	トランス（タップ付き）	スイッチ（ON/OFF）
─╢├─	電解コンデンサー（ケミコン）	チョークコイル	スイッチ（切換）
─╢├〜〜─	スパークキラー	アース同士を接続	シリコンダイオードブリッジ
	ヘッドホンジャック		LED（発光ダイオード）

本機は昭和時代の電圧増幅用3極管をパワー管として使います。そのため購入時は出力管ではなく、電圧増幅管のカテゴリーで販売されていますので、探す時は注意してください。

27、37、56、76の順に年代が新しくなり、省電力で高性能になってきます。どれもビンテージ管ですので簡単には入手できないかも知れませんが、あればそれほど高価ではないと思いますので、どれかを2本入手してください。

アメリカ製と日本製がメインになると思います。昭和の全盛期はほとんどのメーカーが作っていました。

旧ナス管はほとんど227と言い、その時代はメーカーにより品番が違っていました。27のアークチュラス製は127、カンニガム製は327と言いますが同じものです。27表記のままのものもあります。

37、56も少ないですがナス管があります。但しヨーロッパ規格の品番でGZ37などは別物ですので使えません。古典管探しは少し難しいところがありますので注意が必要です。

整流管も同程度の年代と入手難易度ですが、こちらの方が若干多いと思われます。こちらも80だけでなく、180、280、380表記のものも使えます。

6DJ8は現在でも共産圏で製造されており、全世界的に生産されましたので入手は容易です。

ヒーター電圧が7Vの7DJ8（欧州名PCC88）も少しの電圧違いなので6.3Vのまま使用できます。

マツダ（現・東芝）の76です。左右で年代が違うため、ガラスの形状が違い、右側は色が昔のラムネのビンと似た薄い緑色をしています。ビンテージ球ですので揃っていなくてもOKとしてください。

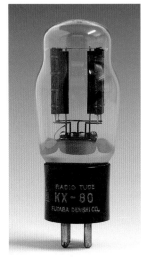

整流管は80を使用。同じ4Pでも整流管はUXではなく、KXが付きますので、KX-80とも言います。双葉電子工業のものを使いました。

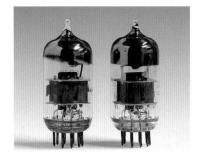

ドライバー管には6DJ8（欧州名ECC88）を2本使用しました。メーカーは手持ちの関係からRCAとAmperexです。高信頼管のE88CC、類似管の6922や7308、ロシア名の類似管6N23P（6Н23П）、中国名6N11も同様に使えます。

Tips 品番のプレフィックス

当時の日本製真空管はソケットのピン数に応じて品番にプレフィックスが付いていました。
UX … 4ピン（UX-2A3など）
UY … 5ピン（UY-27など）
UZ … 6ピン（UZ-42など）
Ut … 7ピン（Ut-6A7など）
US … 8ピン（USは表示しない）
UF … ヨーロッパ規格の板バネ形状
　　　4または5ピン・UF-134Aなど）
例えば「27」では5ピンソケットなので「UY-27」と表示されています。
同じ品番でもアメリカ製では表示されず、単に「27」とだけ印字されています。

ソケットはパワー管用にUY5P×2個、ドライバー管用にMT9P×2個が必要です。見た目がスッキリしますので下付け用を使用しました。

整流管はUX4P×1個、下付け用です。

トランス・シャーシー

シャーシーはリードのボンネット付きMK-300です。
ボンネットは鉄製、シャーシー部はt=1mmのアルミです。
幅300×奥行160×高さ172mm
(ボンネット120+シャーシー部40+ゴム足12mm)です。

本機はトランス類が小さいためシャーシーもコンパクトなものを選びました。古典管を使用しますので保護を考えてボンネット付きにしましたが、好みですのでボンネットなしのシャーシーにしてもOKです。

シャーシー部はt=1mm厚のアルミですので加工は容易です。本機ではトランス類もそれほど重たくないので、この厚みでも強度的は問題ありません。

レトロ感を少しでも出すよう加工後に薄いベージュ系の塗装をしましたが、元もシルバーメタリックの塗装がされていますので、そのまま使っても悪くありません。

以降頁は同じシャーシーを使ったもとのして説明します。

黒いトランス類は格好良いのですがホコリが目立つため、全て他の色に塗り替えて使用しました。

出力トランスは春日無線のKA-1425です(2個)。
1次インピーダンス14kΩのトランスですが、設計上2倍の28kΩと見立てて使用しています。

電源トランスは小型でピッタリ合うものが見つかりませんでしたので、秋葉原の春日無線に特注しました。H30-09036と言う品番を言えば同じものを作ってもらえます。

チョークコイルも春日無線で揃えました。
品番KAC-550、5H/50mA の容量です。
これ以上の規格でしたら使えますが、大きくなると思いますので、シャーシーサイズに注意してください。

電源トランス特注仕様

特注品番:H30-09036
O-BS200(65VA)、静電シールド・ショートリング付き

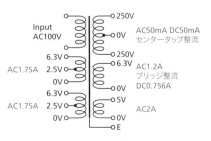

Input AC100V	250V
	0V AC50mA DC50mA センタータップ整流
6.3V	250V
AC1.75A 2.5V	6.3V AC1.2A ブリッジ整流
0V	0V DC0.756A
6.3V	5V
AC1.75A 2.5V	0V AC2A
0V	E

11.025+11.025+20+7.56+10=合計64.61VA
ピン数16pin(E含む)

カーボン抵抗

茶緑赤金
☐ R13　1.5kΩ 1/4W × 1本

赤赤赤金
☐ R7　2.2kΩ 1/4W × 2本

赤黄橙金
☐ R11　24kΩ 1/4W × 1本

酸化金属皮膜抵抗

赤赤黄金
☐ R3　220kΩ 1W × 2本

紫緑茶金
☐ R10　220kΩ 2W × 1本

赤黒茶金
☐ R9　200Ω 3W × 1本

茶緑橙金
☐ R8　15kΩ 5W × 2本

赤赤橙金
☐ R4　22kΩ 5W × 2本

セメント抵抗

W10W 1-2ΩJ
TAKMAN
☐ R12　1.2Ω 10W × 1本

金属皮膜抵抗

赤赤黒黒茶
☐ R1　220Ω 1/2W × 2本

茶灰黒茶茶
☐ R6　1.8kΩ 1/2W × 2本

黄紫黒赤茶
☐ R5　47kΩ 1/2W × 2本

青灰黒赤茶
☐ R2　68kΩ 1/2W × 2本

▼ **Tips** 抵抗の取り付け方向

基本的に抵抗はどの方向にしても大丈夫です。
しかし発熱が予想される場合は、垂直に設置するのは避けた方が良いとされています。
これは抵抗の上部が下部より熱くなり、抵抗値が変わったり、とくに巻線抵抗では断線の危険性があるためです。

巻線抵抗

同じものが手に入らない場合

抵抗値／なるべく近似値が望ましいです。例えば10kΩ 5Wが手に入らない場合、20kΩ 3Wを二つ並列にするか、5.1kΩ 3Wを二つを直列につないでください。どちらも3W+3Wで6W分になります。

ワット数／大きい分には構いませんが、サイズが大きくなりますのでスペースに入るかどうか確認してください。

種類／音質など好みの問題ですので違っても電気的には問題ありません。酸化金属皮膜抵抗を金属皮膜抵抗にしても大丈夫です。

現在は真空管全盛時代のように自由に選べないことが多く、例えばワット数の大きいセメント抵抗は、昭和の時代には多くあった1kΩを超えるものが少ないため、酸化金属皮膜抵抗を使うなどの理由になっています。

また、100kΩを超える数値の抵抗も規格ほど細かく分類して売っていないため、近似値で妥協するか複数組み合わせることになります。

メーカー・シリーズ／音質など好みの問題ですので違っても一向に構いません。オーディオ用と謳っている抵抗は数倍〜数十倍と相当高価ですから予算とご自身の価値観で決定すれば良いでしょう。

※抵抗は全て実物大です。

抵抗のカラーコードの見方

　抵抗は直感的に判りやすい数字表記のものと、どの向きでも解りやすいカラーコード表記のものがあります。

　最近の抵抗はベース色が青や緑で、その上にカラーコードを印刷しているものが多く、薄く印刷されてしまっていると色が違って見えることがありますので、使用前にテスターで抵抗値を確認するようにしましょう。

　（赤や橙が茶に見えたり、白が灰に見えたりする）

5本ラインの場合
この場合47kΩ 誤差1%
（470×10²=47kΩ）

数字　誤差
乗数

4本ラインの場合
この場合47kΩ 誤差5%
（47×10³=47kΩ）

数字　誤差
乗数

	黒	茶	赤	橙	黄	緑	青	紫	灰	白	金	銀
数字	0	1	2	3	4	5	6	7	8	9		
乗数	×1	×10¹	×10²	×10³	×10⁴	×10⁵	×10⁶	×10⁷	×10⁸	×10⁹	×0.1	×0.01
誤差	20%	1%	2%			帯なし=20%					5%	10%

電解コンデンサー（ケミコン）

☑ C3　100μF 400V ×2本

☑ C4　10μF 400V ×1本

☑ C6　10μF 160V ×1本

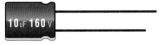

☑ C7, C8　4700μF 16V ×2本

☑ C2　470μF 16V ×2本

※電解コンデンサーは極性があります。必ずマイナス側に表示（帯）があります。
　また、立形はプラス側のリード線が長くなっています。

ブロック型電解コンデンサー（ブロックケミコン）

☑ C5　680μF 400V ×1本
　（※200μF以上でOK）

フィルムコンデンサー

☑ C1　1μF 250V ×2本

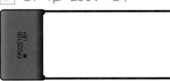

同じものが手に入らない場合

容量／使用場所によっては大きくても良い場合と、近似値でないとまずい場合があります。

但し容量は抵抗ほどシビアではないので、同じものが無い場合、近似値で結構です。

並列接続は割と大丈夫ですが、直列接続は容量誤差で掛かる電圧のアンバランスが段々大きくなるため避けた方が良いでしょう。

耐電圧／大きい分には構いませんが、サイズが大きくなりますのでスペースに入るかどうか確認してください。

種類・メーカー・シリーズ／音質など好みの問題ですので違っても電気的には問題ありません。ポリプロピレンフィルムを・ポリエステルフィルムにしても大丈夫です。

但し他の種類を電解コンデンサーで代用することは避けてください。電解コンデンサーは漏れ電流が多いため、大容量が必要なところだけ使います。

形・大きさ／違っても電気的には問題ありませんが、ちゃんと取り付けできるかどうか良く検討してください。

※コンデンサーは全て実物大です。

コンデンサー表示の見方

μF や pF などの単位が書いていないコンデンサーは、ほとんどの場合、乗数による容量表示となっています。乗数表示の場合、単位は pF です。昔は誤差表示も合わせて書かれていましたが、現在は精度が良くなったせいか書かれていない場合も増えてきました。

この場合、耐圧250V、容量2.2μF
（22×10⁵=2,200,000pF=2.2μF）
誤差表示はなし

容量単位はpF（ピコファラド）

耐圧表示▼

	A	B	C	P	D	E	F	V	G	W	H	J	K
0							3.15V	3.5V	4V	4.5V	5V	6.3V	8V
1	10V	12.5V	16V	18V	20V	25V	31.5V	35V	40V	45V	50V	63V	80V
2	100V	125V	160V	180V	200V	250V	315V	350V	400V	450V	500V	630V	800V
3	1kV	1.25kV	1.6kV		2kV	2.5kV	3.15kV		4kV		5kV	6.3kV	8kV

誤差表示▶

B	C	D	F	G	J	K	M
±0.1%	±0.25%	±0.5%	±1%	±2%	±5%	±10%	±20%

←LEDブラケット

取り付けやすいブラケット入りです。色によって電流が違うため、他の色の場合、明るさが少し変わります。ブルーを使いました。

ツマミ⬆

φ20×L15mm・シャンパンゴールド梨地仕上げのものを3個使いました。このツマミの良いところは裏側の彫りが深く、バリオームのナットがしっかり隠れるため、サブパネルなしでも格好良く取り付けられるところです。但し欠点もあり、指示部の彫りが浅く、インクも入っていないため、少し離れると回転角が解りにくいところです。

RCAピンジャック⬆

6Pタイプのものを使います。個々に6個買っても良いのですが、こちらの端子台タイプの方がスペースが節約でき、コストも安くできます。

2連バリオーム⬆

アルプス電気の713G/RV16型（φ16mm、100kΩ/Aカーブの2連、ショートシャフト）のものを使いました。同じ形でも無印の輸入品より高価ですが、ヘッドホンアンプではわずかなノイズやガリが聞き取れたため、本品に変更しました。

←ロータリースイッチ

アルプス電気のSRRNシリーズ・1段4回路3接点のものを二つ使います。2回路で充分ですが、最近はありませんので2回路以上のものでOKです。

ツマミがネジ止めタイプなので、ストレートシャフトのものが欲しかったのですが、3接点のものはローレットシャフト（メーカーでは18山セレーション軸と言う）しか手に入りませんでしたので、その点は妥協しています。大量発注のため、出回るのは時期によるそうです。

しかし悪いことだけではなく、シャフトが短いせいで、短いツマミが使えるメリットもあります。

←レバースイッチ

電源スイッチ用です。紛らわしいのですが、時期やメーカーによりトグルスイッチ、レバースイッチ、スナップスイッチなど、呼び方がまちまちです。見た目にこだわってスイッチ付属の六角ナットは使わず、別にローレットナットを買って取り付けました。

ヘッドホンジャック⬆

標準ジャック（φ6.3）はMJ-187LP、ミニジャック（φ6.3）はMJ-352W-C、両方ともマル信無線電機のステレオタイプです。一つのサイズしか使わないと解っていれば、片方は省略しても構いません。標準ジャックは付属の六角ナットは使わず、別にローレットナットを買って取り付けました。

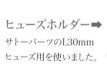

ヒューズホルダー➡

サトーパーツのL30mmヒューズ用を使いました。

ACインレット⬆

LINKMANのIEC規格のものを使いました。ACコード直付けよりも取り外せる方が何かと便利です。

シリコンブリッジ⬆

新電元のD4SB、60V4AのSBD（ショットキーバリアダイオード）のシリコンブリッジで、6DJ8の直流点火用に使います。本機では0.73A流して使います。ヒートシンクなしでも2.3A流せる仕様ですが、相当熱くなりますので、取り付け時は一応シリコングリスを塗って取り付けます。

ヒューズ⬇

本機の消費電力は39W（27時）、35W（56時）、32W（76時）程度なので1AのヒューズでOKです。整流管整流なのでラッシュカレントも心配ありません。

ACコード⬆

PC用の汎用品です。

ねじ類 ↓

本機で使ったねじ類のリストは右記の通りですが、小さくてなくしやすいので予備も含めて少し多めに買ってください。ビスやナットは数多く買うと単価が下がりますので、バラで買うより安くなります。

使用ねじ類リスト

❶ M3-L8ナベビス	・・・・・・	×17
❷ M3-L12ナベビス	・・・・・・	×1
❸ M3 L10皿ビス黒	・・・・・・	×2
❹ M4-L10バインドビス	・・・・・・	×4
❺ M3スプリングワッシャー	・・・・・・	×20
❻ M3ナット	・・・・・・	×20
❼ M4スプリングワッシャー	・・・・・・	×8
❽ M4ナット	・・・・・・	×4
❾ φ7-t0.5平ワッシャー	・・・・・・	×4
❿ SW用ローレットナット	・・・・・・	×2

塗料 ↑

アサヒペンのクリエイティブカラースプレーを使いました。東急ハンズのハンズスプレーもOEM製品ですので色番、中身とも同じです。
16アースブラウン300ml（シャーシー部）
42オールドブルー300ml（トランス）
29ディープオリーブ300ml（チョークコイル）
水性ホビーカラーH-85（電源トランスのコア部）

電源トランスのコア部は小さいビンのホビーカラーを刷毛塗りします。少ししか使わないのでプラモデル用の小さい塗料の方が好都合です。

ラグ板 ➡

❶ 大1L-4P×5個
❷ 大1L-2P×2個
❸ 小1L-3P×2個

全てサトーパーツの製品です取り付け部分はM3ビス用の穴になっており、大1L-4Pの5個はトランスと共締めで使うのでM4に穴を広げて使います。

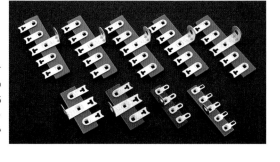

←配線材

ほとんどは古河電工BX-S（ビーメックス）の0.3sq（約AWG22）を使いました。耐熱性に優れハンダ付けはしやすいですが、ポリエチレン被覆で剥きにくく、ワイヤーストリッパーが必須の電線です。もしニッパーなどで被覆を剥く時は、通常のビニール線の方が良いでしょう。
また、一部はトランスのリード線を切った余りを使用しています。

ケミコンバンド ↓

ブロックケミコンを取り付ける金具です。昔はほとんど付属していましたが、現在は別売りになっているケースが多く、φ35mm用を1個用意してください。付属している場合は不要です。

←シールド線

シールド線はφ3mmの単芯シールド通常品を使いました。販売店ではギターシールドと言っています。配線を間違えないよう6色に分けました。

←ゴムブッシュ

出力トランス用に外径φ11-穴径φ8-内径φ5-板厚t1用が四つとチョークコイル用に外径φ10-穴径φ7-内径φ4-板厚t1用が一つ必要です。

←熱収縮チューブ

メーカーによりスミチューブやヒシチューブなどの商品名で販売しています。本機ではシールド線の線端処理にφ2mmとφ4mmのものを使用します。

結束バンド ↑

一番小さいもので結構です。約30本使いますのでインシュロックのAB80・100本入りを使いました。

品名	品番・規格	メーカー・規格	単価（税込）	個数	購入先
真空管	☑ 27/37/56/76のどれか	マツダ（東芝）	¥500〜¥5,000	2	所有品
	☑ 6DJ8 / ECC88	RCA, Amperex	¥500〜¥5,000	2	所有品
	☑ 80（KX-80）	双葉電子工業	¥500〜¥5,000	1	所有品
出力トランス	☑ KA-1425	春日無線変圧器	¥4,895	2	(有)春日無線変圧器
電源トランス	☑ H30-09036	春日無線変圧器	¥15,290	1	(有)春日無線変圧器
チョークコイル	☑ KAC-550	春日無線変圧器	¥2,200	1	(有)春日無線変圧器
シャーシー	☑ MK-300	リード	¥6,127	1	(有)エスエス無線
真空管ソケット	☑ UX4P	五麟貿易	¥525	1	門田無線電機(株)
	☑ UY5P	五麟貿易	¥525	2	門田無線電機(株)
	☑ MT9P	五麟貿易	¥340	2	門田無線電機(株)
カーボン抵抗	☑ 1.5kΩ 1/4W	タクマン電子	¥5	1	(株)千石電商
	☑ 2.2kΩ 1/4W	タクマン電子	¥5	2	(株)千石電商
	☑ 24kΩ 1/4W	タクマン電子	¥5	1	(株)千石電商
酸化金属皮膜抵抗	☑ 220kΩ 1W	タクマン電子	¥10	2	(株)千石電商
	☑ 220kΩ 2W	タクマン電子	¥20	1	(株)千石電商
	☑ 200Ω 3W	タクマン電子	¥30	2	(株)千石電商
	☑ 15kΩ 5W	タクマン電子	¥80	2	(株)千石電商
	☑ 22kΩ 5W	タクマン電子	¥80	2	(株)千石電商
金属皮膜抵抗	☑ 220Ω 1/2W（REY）	タクマン電子	¥50	2	(株)千石電商
	☑ 1.8kΩ 1/2W（REY）	タクマン電子	¥50	2	(株)千石電商
	☑ 47kΩ 1/2W（REY）	タクマン電子	¥50	2	(株)千石電商
	☑ 68kΩ 1/2W	KOA	¥10	2	(株)千石電商
セメント抵抗	☑ 1.2Ω 10W	タクマン電子	¥70	1	(株)千石電商
フィルムコンデンサー	☑ 1μF/250V	日通工FPD メタライズドポリプロピレンフィルムコンデンサー	¥243	2	海神無線(株)
電解コンデンサー	☑ 470μF 16V	ニチコンFineGold	¥40	2	(株)千石電商
	☑ 4700μF 16V	ニチコンFineGold	¥150	2	(株)千石電商
	☑ 10μF 160V	ニチコン	¥60	2	(株)千石電商
	☑ 10μF 400V	KMG（日本ケミコン）	¥50	1	(株)千石電商
	☑ 100μF 400V	KMG（日本ケミコン）	¥250	2	(株)千石電商
ブロックケミコン	☑ 680μF 400V	KMM（日本ケミコン）	¥367	1	(株)若松通商
ケミコンバンド	☑ φ35mm用		¥170	1	(株)若松通商
ヘッドホンジャック	☑ φ6.3 標準ステレオタイプ	マル信無線電機 MJ-187LP	¥110	1	門田無線電機(株)
	☑ φ3.5 ミニステレオタイプ	マル信無線電機 MJ-352W-C	¥130	1	瀬田無線(株)
RCAピンジャック	☑ 6P端子台タイプ		¥470	1	門田無線電機(株)
スナップスイッチ	☑ 2Pタイプ ET103A32	コパル電子(旧フジソク)	¥350	1	門田無線電機(株)
ロータリースイッチ	☑ 1段4回路3接点 SRRN	アルプス電気	¥350	2	門田無線電機(株)
トグルスイッチ	☑ 2回路ON-ON 8C2011	コパル電子(旧フジソク)	¥450	1	瀬田無線(株)
バリオーム	☑ 100kΩAカーブ2連	アルプス電気 713G RV16	¥490	1	三栄電波(株)
メタルツマミ	☑ φ20mmL15mm	Linkman 20X15JXPS	¥350	3	マルツ秋葉原本店
スパークキラー	☑ 0.1μF+120Ω	指月電機製作所	¥150	1	瀬田無線(株)
シリコンブリッジ	☑ D4SB（SBDブリッジ）	新電元	¥125	1	(株)秋月電子通商
LEDブラケット入	☑ 青色 DB1NCHBL	サトーパーツ	¥300	1	マルツ秋葉原本店
ACインレット	☑ WTN02F1171	Linkman	¥90	1	マルツ秋葉原本店
ACコード	☑ 3Pプラグ付き	PC用	¥100	1	

品名	品番・規格	メーカー・規格	単価（税込）	個数	購入先
ヒューズホルダー	☑ F-4000A	サトーパーツ	¥200	1	門田無線電機(株)
ヒューズ	☑ AC125V-1A 標準サイズ	サトーパーツ FG-30	¥100	1	門田無線電機(株)
配線材	☑ 0.3sq橙黄緑紫 各1m	古河電工BX-S	¥66/m	4m	(株)小柳出電気商会
	☑ 0.3sq赤青黒 各3m	古河電工BX-S	¥66/m	9m	(株)小柳出電気商会
	☑ 0.5sq白 1m	古河電工BX-S	¥88/m	1m	(株)小柳出電気商会
	☑ シールド線 赤黄緑青灰白 各1m	ギターシールドφ3	¥65/m	6m	九州電気(株)
	☑ φ1.6mmスズメッキ線	1m	¥50〜¥200	1m	長期所有品を使用
ローレットナット	☑ φ12用	日本開閉器	¥50	2	門田無線電機(株)
ビス	☑ M3-L8ナベビス		↓	×17	西川電子部品(株)
	☑ M3-L12ナベビス		↓	×1	西川電子部品(株)
	☑ M3-L10皿ビス黒		↓	×2	西川電子部品(株)
	☑ M4-L10バインドビス		↓	×4	西川電子部品(株)
ナット	☑ M3ナット		↓	×20	西川電子部品(株)
	☑ M4ナット		↓	×4	西川電子部品(株)
スプリングワッシャー	☑ M3用		↓	×20	西川電子部品(株)
	☑ M4用		↓	×8	西川電子部品(株)
平ワッシャー	☑ φ7用-t0.5	ビス・ナット・ワッシャー類全てで約¥1,000		×4	西川電子部品(株)
ゴムブッシュ	☑ 外径10-穴径7-内径4mm 板厚t1.0mm用		¥5	1	(株)千石電商
	☑ 外径11-穴径8-内径5mm 板厚t1.0mm用		¥10	4	西川電子部品(株)
ラグ板	☑ 大1L-4P	サトーパーツ	¥70	5	門田無線電機(株)
	☑ 大1L-2P	サトーパーツ	¥50	2	門田無線電機(株)
	☑ 小1L-3P	サトーパーツ	¥40	2	門田無線電機(株)
熱収縮チューブ	☑ φ2mm×1m	三菱ケミカル	¥120	1	(有)タイガー無線
	☑ φ4mm×1m	三菱ケミカル	¥120	1	(有)タイガー無線
結束バンド	☑ AB80×100本入	インシュロック	¥194	1袋	西川電子部品(株)
シリコングリス	☑ チューブタイプまたは注射器タイプ		¥100〜¥1,000	1	長期所有品を使用
スプレー塗料	☑ 16アースブラウン	アサヒペン(クリエイティブカラー)	¥596	1	DIY-toolドットコム
スプレー塗料	☑ 42オールドブルー	アサヒペン(クリエイティブカラー)	¥596	1	DIY-toolドットコム
スプレー塗料	☑ 29ディープオリーブ	アサヒペン(クリエイティブカラー)	¥596	1	DIY-toolドットコム
水性塗料	☑ H-85セールカラー10ml	GSIクレオス(ミスターホビー)	¥141	1	文教堂Hobby
サフェーサー	☑ 速乾さび止めグレー420ml	カンペハピオ	¥880	1	島忠ホームセンター
真空管を除く合計(スズメッキ線を¥100、シリコングリスを¥500として計算)			¥50,114		

　本機は2018年に製作していますが、その時より価格改定や販売中止(代替品で表示)になっているものもありますので、2019年8月現在の調査価格を表示しました。

　販売中止や価格改定などは良くありますので、リストは参考価格とし、実際には各店舗にお問い合わせください。

　真空管は入手時期によっても相当な金額の開きが出ますので、合計金額には含めないリストとし、手に入ればおそらくこの程度の価格と言う予想に基づいて表示しています。

Beam Single

2A3 Single

Headphone

Paint

Chassis Processing

Other Work

Industrial Tool

Shop List

製作編
シャーシー加工

Beam Single
2A3 Single
Headphone
Paint
Chassis Processing
Other Work
Industrial Tool
Shop List

本機は全てのトランスを塗装しますので、塗装が完了して乾くまで数日掛かります。乾燥に数日掛けた方が良いので、その間にシャーシー加工をする手順で作業します。

シャーシーはアルミの1mm厚ですので加工は大変楽です。搭載トランスが軽く、角穴が電源トランスとACインレットだけと言うのも加工の難易度が下げられた要因ですので、本機より加工が簡単なアンプはないと思って丁寧に作業してください。

そのようなわけでトランスの色変えから始めます。塗装とシャーシー加工は3機種共通で解説していますので、P154からご覧ください。

次の作業は「トランスのカラーリング」P154〜P159をご覧ください

「トランスのカラーリング」が終わったらこのページに戻ってください。

この線までボンネットの折り返しが被る

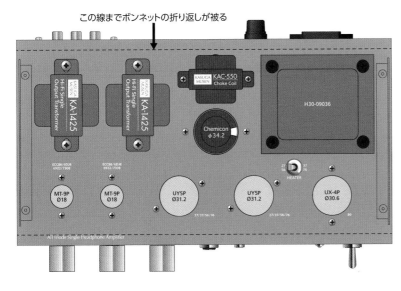

パーツ実装時の完成予想図 　　　　　　　　　　　　　Scale=34%

まずは図面を描いてシャーシーに穴あけシートを貼ります。本機はトランス類が小さく、表面積が少なくて済みますのでリードのMK-300と言うボンネット付きの小型シャーシーを使います。

ボンネット付きシャーシーで気をつけたいのは、ボンネット下部の折り返しがあるとその寸法を忘れがちです。ボンネットを被せた時にトランス類に当たらず、余裕を持ってボンネットの付け外しができるようにする必要があります。

※注意：他機種でも散々書きましたが、「パーツは実測が基本」です。2〜3ヶ月経ったら同じパーツが手に入らない、メーカー発表の図面を信用したら違っていた、なんて言うことはしょっちゅうです。パーツを購入したら必ず実測して図面を作成、または変更してください。

COLUMN　ヘッドホン? or ヘッドフォン?

英語で書くと Headphone ですのでヘッドフォンと言う方が近い気もしますが、日本ではヘッドホンと表記する方が多いため、本書でもそれに習ってヘッドホンと表記しています。どちらでも間違いではないようです。

パーツがまったく同じ場合の穴あけ寸法図は下記のようになります。

ビス穴はφ3やφ4と書いてありますが、ビスがちゃんと通り、塗装でわずかに塞がることを考えて、実際にはφ3.2やφ4.2になります。

他の穴も同様で、穴あけ完了後は塗装前に必ずパーツが入るかどうか取り付けて確認します。

電源スイッチは回り止め用に小さいボッチをつけていますが、なくても構いません。その場合は単純にφ11.8mmの丸穴を開けるだけで済みます。ボッチを付ける場合は小さい穴を開けて、ヤスリで形作りします。

回り止めを必ず付けないといけないのはバリオームやロータリースイッチ、ヒューズホルダーなど、回転操作のあるパーツです。

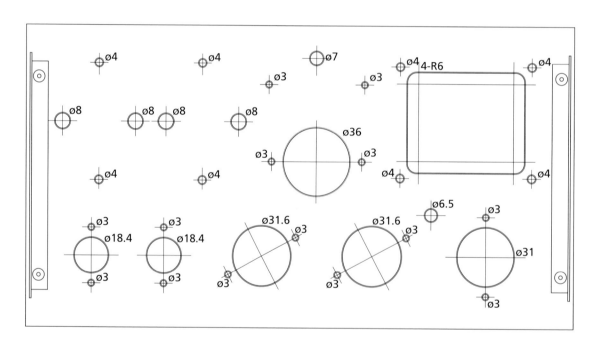

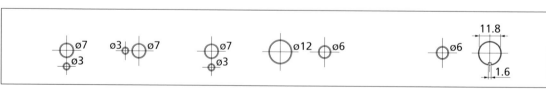

Scale=50%

本機のPDF図面データはダウンロードできます。https://honmatsu-amp.net/irodori/hpamp.html

この後の作業は「シャーシー加工」P162〜P165をご覧ください

※**注意**：シャーシー加工が終わったら、面倒でも塗装前に必ず全パーツの組み立てテストをしてください。約1日掛かると思ってください。

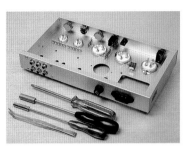

この後の作業は「シャーシーの塗装」P161をご覧ください

下地塗り	➡P161

↓

メインカラー塗装	➡P161

塗装が乾いたらラグ板を共締めするトランス取り付け穴1ヶ所のまわりをカッターや彫刻刀を使って塗料をよく剥ぎます。ここがシャーシーアースポイントになります。

塗装が終わったところです。できれば乾燥に2〜3日掛けてください。

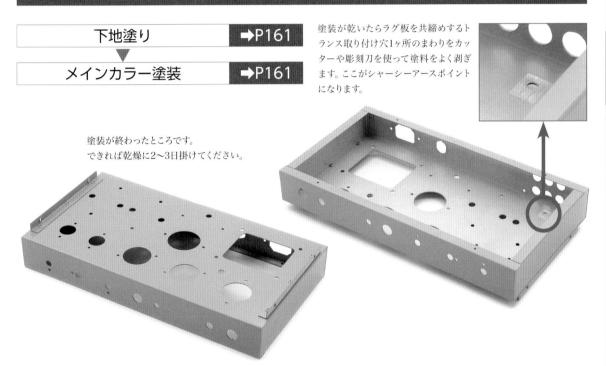

塗装を乾かしている間にする作業

パーツを少し加工する必要がありますので、塗装の乾燥時間を利用して作業します。

回転パーツではないのでヘッドホンジャックの回り止めはない方が都合が良く、突起をカットします。

ヘッドホンジャックの回り止め突起をカットしたところです。

RCAジャックのベース部分が少し大きくてシャーシーに入らないため、ヤスリで少し削ります。上下均等に削ってください。

Beam Single | 2A3 Single | Headphone | Paint | Chassis Processing | Other Work | Industrial Tool | Shop List

製作編
組み立て・配線

　組み立ての手間を多くしている作業はほとんど性能に影響しません。しかし完成度には大きく関わるため、できるだけ気を使って作業します。

　スイッチやツマミの取り付け高さを合わせる、ナットにこだわる、ブロックケミコンの取り付け金具はシャーシー内に入れる、など美しく見せるための基本的な作業です。

　また、ビスやナットが緩まないようにスプリングワッシャーや菊ワッシャーを入れる、ロータリースイッチやバリオームの廻り止めをするのも使い勝手向上に一役買います。これらを実践して初めて完成度の高いアンプが出来上がります。

　本機は入力が3系統あるため、組み立て・配線の手間は多くなっています。面倒だと感じるかも知れませんが、完成後の使い勝手は抜群ですので、じっくり組み立ててください。

　組み立て順序として番号が書かれていますが、同じ番号はどこを先に作業しても構いません。

　表示してある線材の長さは被覆を向く前の長さ（つまりニッパーなどで最初に線材を切断する長さ）です。長さは少し余裕を持って表示していますので、数ミリ違っても大丈夫なよう配慮してあります。

　組み立ては定石通り軽いパーツから行いますが、いくつかポイントがあります。

　ヒューズホルダーなどシャーシー内部でナットを廻さなければならないパーツは先に取り付け、バリオームやスイッチ類など、外で廻せるものは楽に取り付けできますので後にします。

配線の前に「ビニール線のむき方」はP166をご覧ください

本機は入力を3系統にしたため と、シャーシーの折り返し部分が 邪魔をしてパーツ取り付け後にハ ンダ付けができないため、先に予 備配線をしておきます。

シールド線は片側をアースし、 もう片側のシールド部分は切り落 として使います。どこかに接触して ショートしないように気をつければ エッジ処理はしなくても良いので すが、念のため熱収縮チューブを 被せて事故防止をしています。

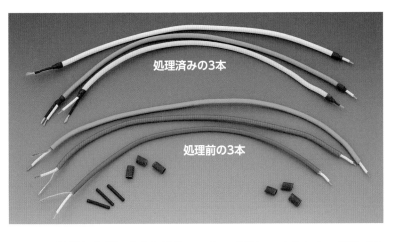

処理済みの3本

処理前の3本

通常、熱収縮チューブを収縮させるにはドライ ヤーの先端をすぼめたようなヒートガンを使い ますが、持っている方は少ないと思いますので、 ハンダごてを当ててクルクル回して収縮させま す。ライターで炙る方もいるようですが、被覆 を溶かしてしまうので避けた方が良いでしょう。

シールド線は色別に6本を用意 します。アースにつなげる側は少し 長めに剥いて配線作業がやりやす くなるようにします。

被覆を剥く長さは配線環境に よって変わってきます。本機では この位の長さが作業しやすいです が、もっと狭い場所だったり端子 が小さい場合はもっと長めに剥く こともあります。

下記の長さは少し余裕を持たせ ていますので、厳密でなくても大 丈夫です。

次頁で実際の配線をします。

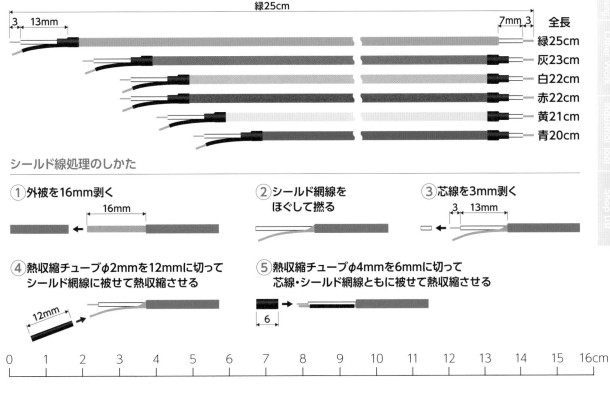

緑25cm

3　13mm　　　　　　　　　　　　　　　7mm 3　全長

緑25cm
灰23cm
白22cm
赤22cm
黄21cm
青20cm

シールド線処理のしかた

① 外被を16mm剥く
16mm

② シールド網線を
ほぐして撚る

③ 芯線を3mm剥く
3　13mm

④ 熱収縮チューブφ2mmを12mmに切って
シールド網線に被せて熱収縮させる
12mm

⑤ 熱収縮チューブφ4mmを6mmに切って
芯線・シールド網線ともに被せて熱収縮させる
6

0　1　2　3　4　5　6　7　8　9　10　11　12　13　14　15　16cm

前頁で処理したシールド線でRCAピンジャックと入力切替えのロータリースイッチ、さらにバリオームまでつなげ、ハンダ付けします。

RCAピンジャックは六つ別々のアース端子が出ていますが、リード線かスズメッキ線を利用して全てつなげます。また、そこからラグ板のアース端子に行く線は0.3sq（AWG22）黒の線材を使って接続します。

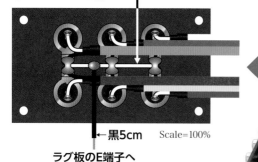

抵抗やコンデンサーのリード部分の
余りかスズメッキ線

←黒5cm　Scale=100%

ラグ板のE端子へ

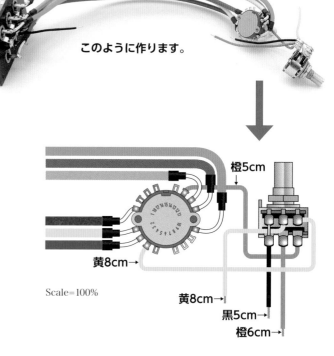

このように作ります。

橙5cm

黄8cm→

Scale=100%

黄8cm→

黒5cm→

橙6cm→

シャーシーに取り付けた時の状態
（後でこのように取り付けます）

Scale=75%

シールド線以外の線は全ては0.3sq（AWG22）の線材を使って配線します。

解りやすくするため、左チャンネル（以下L-chと略します）は黄色、右チャンネル（以下R-chと略します）は橙色、アースに接続する線は黒色を使っています。

0　1　2　3　4　5　6　7　8　9　10　11　12　13　14　15　16cm

Beam Single | 2A3 Single | Headphone | Paint | Chassis Processing | Other Work | Industrial Tool | Shop List

電源スイッチ予備配線と組立概要

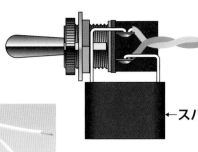

白20cm＋白13cm
（約8cmほど撚っておく）

←スパークキラー

Scale＝100%

←スパークキラーに極性
はありませんが、取り
付けた時に文字が見え
るようにした方が良い。
（この写真では文字が
下にある）

電源スイッチは取り付けると端子が下になってしまうため、先に予備配線します。スパークキラーも一緒にハンダ付けしますが、整流管ソケットにぶつからないようスイッチの横に来るようにしてください。

線材は白0.5sq（AWG20）の太さを使いました。

④電源スイッチを取り付ける際、シャーシーに傷が付かないようローレットナットのサイズに穴を開けたボール紙などで養生します。

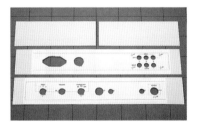

先に養生すると取り付けにくいパーツを取り付けたら、ボール紙に穴あけと同じシートを貼り、切り取って養生シートを作り、貼ります。

⑦ヘッドホンジャックは内部で斜めにしておき、ある程度外側のナットを締めたら内側でジャック本体を回せばキズを付けずに締められます。

⑫ヒーター切替スイッチもボール紙等で養生して取り付けます。そのボール紙が動くと作業しにくいので、一時的にビス止めしています。

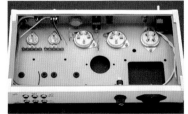

トランス以外の軽量パーツを取り付けたところです。インピーダンス切替用ロータリースイッチは後で外して配線するため軽く仮付けです。

⑱チョークコイルを取り付ける時、シリコンブリッジを共締めします。その時、放熱を良くするためシリコングリスを薄く塗ると良いでしょう。

⑲⑳1L4Pのラグ板5枚は出力トランスと共にM4ビスで共締めするので、穴をリーマーでφ4mmに広げておきます。

全てのパーツを取り付けたところです。写真のようにトランスのリード線が邪魔なので、次はこれらを処理します。

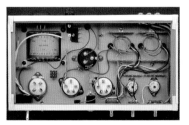

⑭トランス類の配線をし、使用しない線はまるめて仮止めしたところです。先ほど仮付けしていたロータリースイッチは配線し、本締めします。

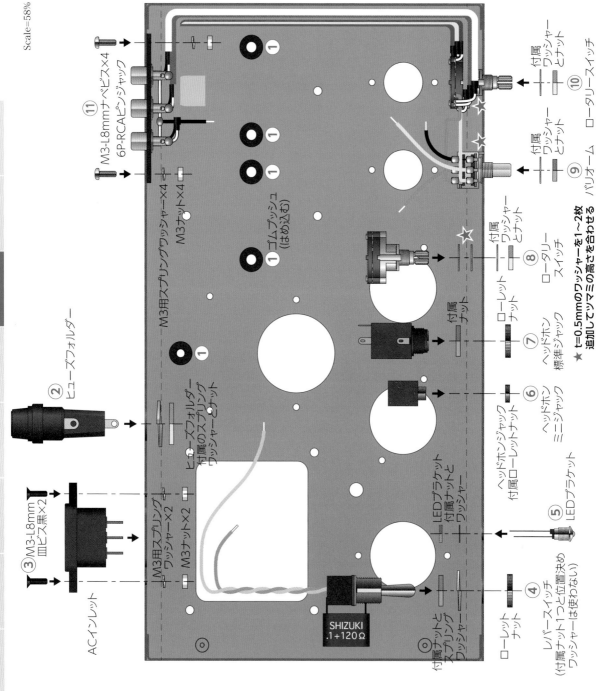

Scale＝58%

①
ゴムブッシュをはめ込みます。チョークコイル部のみ小さいものを使用します。

②
ヒューズホルダーを取り付けます。白い保護ワッシャーが付属している場合は使用しません。

③
ACインレットは黒い皿ビスが望ましいのですが、なければシルバーのものでも構いません。

④
予備配線しておいたレバースイッチを取り付けます。付属の六角ナットでは格好悪いので別にローレットナットを買って使います。また、位置決めワッシャーはシャーシーに余計な穴を開ける必

要があるので使いません。回転動作のスイッチではないので、回り止めはなくても大丈夫です。

⑤ LEDブラケットは内側から締め付けるので早めに取り付けます。

⑥⑦ ヘッドホンジャック二つはシャーシーにキズを付けないよう前頁写真のようにナナメに取り付けて外側のローレットナットを締め、最後のひと廻しはジャック本体を持って回転・固定します。

⑧⑩ ロータリースイッチ二つは内側に厚み1mm分のワッシャーを入れて高さを合わせます。

これを入れないと位置決め用のボッチが出っ張り過ぎてツマミと当たり、隙間も大きくなってしまいます。もしパーツによって当たらない場合はワッシャーを省略してもOKです。

外側はツマミで隠れるため、締め付けた時の塗装はがれ防止でワッシャー1枚を入れています。

⑨ バリオームも内側に0.5mmのワッシャーを入れて高さを合わせます。

⑪ RCAピンジャックは4ヶ所のビス留めなので難しくはありません。

シャーシー内側から取り付けるパーツ ※平面図は次頁

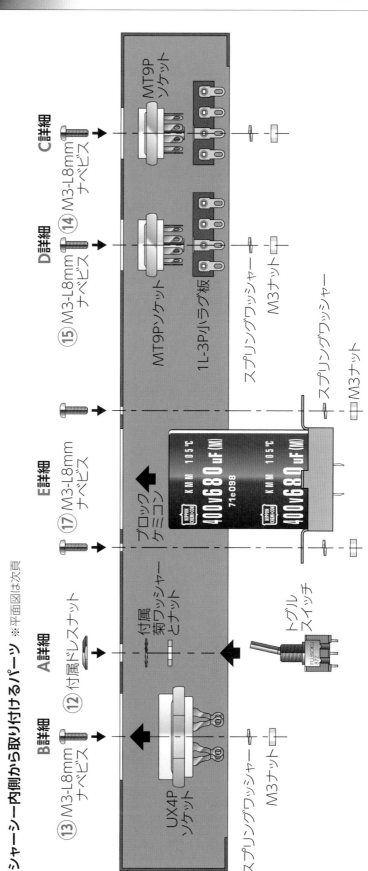

Scale=74%

B詳細 A詳細
⑬ M3-L8mm なべビス
⑫ 付属ドレスナット
UX4Pソケット
付属菊ワッシャーとナット
トグルスイッチ
FUJISOKU BIZ
スプリングワッシャー
M3ナット

E詳細
⑰ M3-L8mm なべビス
ブロックケミコン
KMM 105℃
400v680uF(M)
71e098
NIPPON CHEMI-CON
KMM 105℃
400v680uF(M)
NIPPON CHEMI-CON

D詳細 C詳細
⑮ M3-L8mm なべビス
⑭ M3-L8mm なべビス
MT9Pソケット
1L-3Pパラグ板
スプリングワッシャー
M3ナット
スプリングワッシャー
M3ナット

(注) トグルスイッチ付属の位置決めのワッシャー(ロッキングプレング)(ロッキングワッシャー)は使用しない

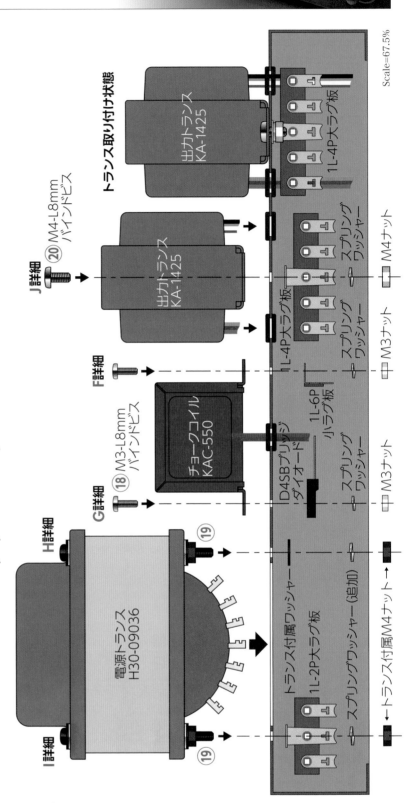

パーツ取り付け

⑫ トグルスイッチの付属ドレスナットは薄くて廻しにくいため、シャーシーにキズを付けないよう当て紙をして慎重に取り付けてください。

⑬ UX4Pソケットは端の方なので先に取り付けます。

⑭⑮ MT9Pソケットは後ろ側のみ1L3P小ラグ板を共締めします。

⑯ UY5Pソケットは1ヶ所だけ1L2Pのラグ板を共締めします。

⑰ ケミコンバンドは先に向きを合わせて取り付けておき、それをシャーシー内側から取り付けます。

⑱ チョークコイル取り付け時、片側はシリコンブリッジを、もう片側は1L6P小ラグ板を共締めします。シリコンブリッジはシリコングリスを薄く塗って放熱を良くすると良いです。あまり強く締め付けるとシリコンブリッジが割れますので注意してください。

⑲ 電源トランスのビス4ヶ所のうち、ラグ板を取り付ける2ヶ所はラグ板自体がワッシャーの役目を果たすため、付属のワッシャーを省略します。
　その代わり特注トランスにスプリ

ングワッシャーが付属していないため、別に用意して追加してください。

⑳ 出力トランスの取り付けビスは全てラグ板を共締めします。

トランス取り付け状態

出力トランス KA-1425

1L-4P大ラグ板

Scale=67.5%

⑳ M4-L8mm バインドビス

J詳細

出力トランス KA-1425

1L-4P大ラグ板
スプリングワッシャー
M4ナット
M3ナット

F詳細

⑱ M3-L8mm バインドビス

チョークコイル KAC-550

D4SBブリッジ ダイオード
1L-6P 小ラグ板
スプリングワッシャー
M3ナット

G詳細

H詳細

⑲

電源トランス H30-09036

トランス付属ワッシャー
1L-2P大ラグ板
スプリングワッシャー（追加）
トランス付属M4ナット

I詳細

⑲

Beam Single / 2A3 Single / Headphone / Paint / Chassis Processing / Other Work / Industrial Tool / Shop List

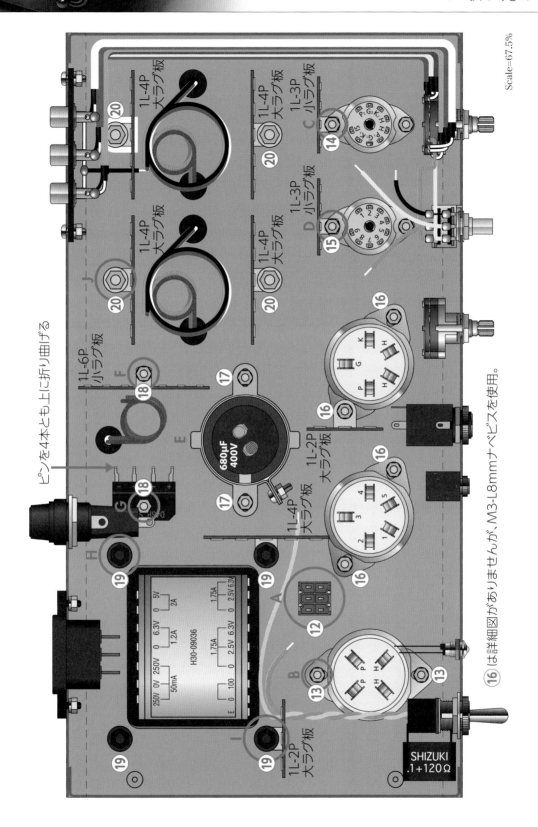

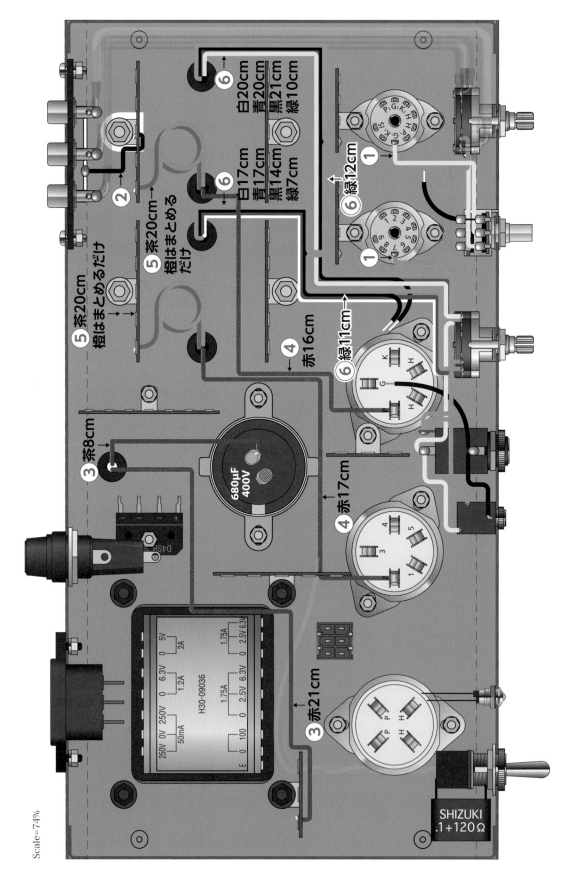

Scale=74%

リード線引き出し式のトランスの場合、どうしても作業の邪魔になるので最初にトランスの配線処理をします。

図の順番通りに配線していきます。同じ番号のところはどこを先にしても構いません。

表示がない限り、ビニール線はラグ板の下の穴にハンダ付けしていきます。

線の長さは剥く部分も含めた長さで表示しています。少し余裕を持った表示をしていますので、多少狂ってしまっても大丈夫です。

① 以前予備配線してあったバリオームからのリード線をMT9Pソケットの7番ピンへ左右ともハンダ付けします。

② こちらもRCA入力ジャックへ予備配線してあった黒線を1L4Pラグ板のセンターに絡めておきます。ハンダ付けは他のアースと一緒に後でします。

③ チョークコイルのリード線は赤を1L2Pのラグ板、茶をブロックケミコンに絡めておき、こちらも後でハンダ付けします。

④ 出力トランスの赤リード線は左右ともUY5Pの2番ピンにハンダ付けします。

⑤ 出力トランスの茶と橙リード線は切らずにまとめ、茶のみ1L4Pラグ板の左端に絡めておきます。橙はUL接続用ですので今回は使用しません。

⑥ 出力トランスの2次側4本はそのままではハンダ付けしにくいので、仮付けしてあったロータリースイッチを外し、下図のようにハンダ付けします。

その際、ヘッドホンジャックへの配線も一緒に配線してください。

ヘッドホンジャックは取り外さなくても何とかハンダ付けできますが、シャーシーの折り返しが邪魔でやりにくいようでしたら、こちらも取り外してハンダ付けしてください。

緑のリード線のみNFB用の抵抗を経由しますので、他線より短く切り、1L3P小ラグ板にハンダ付けします。そのラグ板からロータリースイッチへの緑線はトランスの線を切って余ったものを使います。

ハンダ付けができましたらロータリースイッチはシャーシーに再度取り付けます。

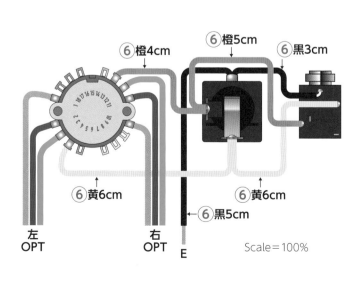

⑥橙4cm ⑥橙5cm ⑥黒3cm
⑥黄6cm ⑥黄6cm ⑥黒5cm
左 OPT　右 OPT　E
Scale＝100%

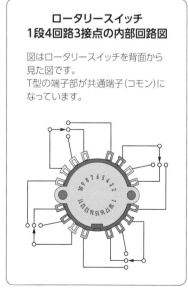

ロータリースイッチ
1段4回路3接点の内部回路図

図はロータリースイッチを背面から見た図です。
T型の端子部が共通端子（コモン）になっています。

⑦ AC1次側を全て0.5sq（AWG20）の白で配線します。図に表示の線材の長さは撚る前の長さです。また、解りやすくするために一部グレーで表示していますが、実際には全て白い線材を使っています。

今回はノイズに敏感なヘッドホンアンプですので、念のためAC1次側の配線も全て撚ります。複雑な撚り方をしていますが、撚って密着させることが重要ですので、撚る向き・方向などは厳密に同じでなくても構いません。

Beam Single | 2A3 Single | Headphone | Paint | Chassis Processing | Other Work | Industrial Tool | Shop List

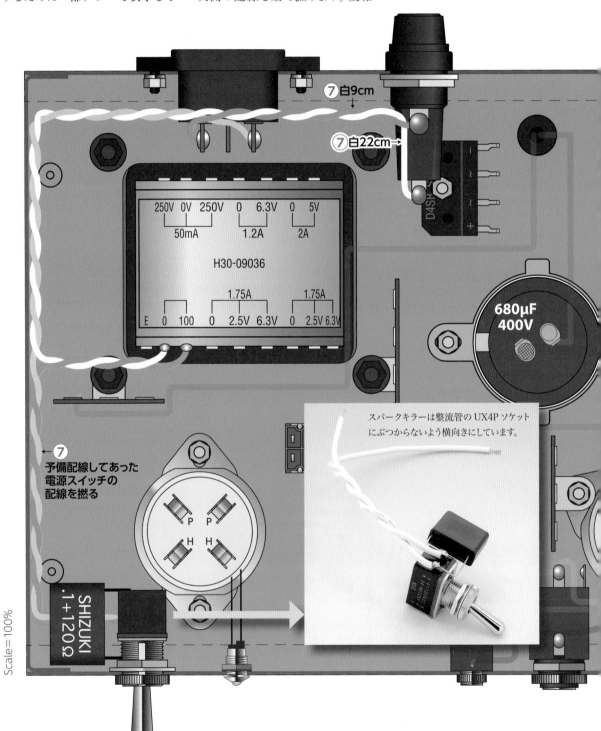

⑦白9cm

⑦白2.2cm→

250V 0V 250V　　0　6.3V　　0　5V

50mA　　　　1.2A　　　2A

H30-09036

　　　　　　1.75A　　　　1.75A

E 0 100　0 2.5V 6.3V　0 2.5V 6.3V

D4SR

680μF
400V

←⑦
予備配線してあった
電源スイッチの
配線を撚る

P　P

H　H

スパークキラーは整流管のUX4Pソケットにぶつからないよう横向きにしています。

SHIZUKI
.1+120Ω

Scale＝100%

電源トランスのヒーター巻線がヒーター電圧や電流に合っている場合は問題ありませんが、1巻線だけでは足りない場合、複数の巻線を直列や並列にしてヒーターに合わせることが良くあります。この時、問題になるのが位相です。

通常電源トランスは位相を合わせて電圧・電流表示をしているか、ドライバートランスなどの信号系トランスには巻き始めか巻き終わりの端子が解るよう表示があります。

位相を無視して適当に配線すると大電流が流れてヒューズが切れるか発熱、最悪発火することもありますので、位相は必ず合わせて使うようにします。

この場合の大電流とは表示の最大値と言う意味ではなく、トランスの巻線抵抗に対する電流ですので、表示の電流値の数倍もの電流が流れて大変危険です。

巻線を直列接続で使う場合、電圧・電流が違っていても大丈夫です。この場合、電圧は合計電圧に、電流は小さい方が許容値になります。

並列の場合は電圧が同じである必要があります。電流は合計値まで取ることができます。

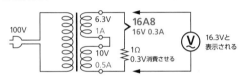

直列接続（16.3V 0.5Aまで取れる）

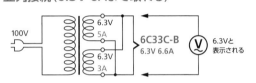

並列接続（6.3V 8Aまで取れる）

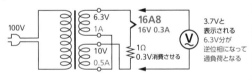

✕直列接続（位相が合わない・危険）

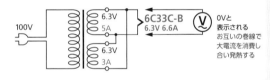

✕並列接続（位相が合わない・危険）

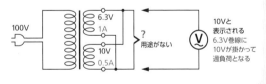

✕電圧の違う並列接続はNG

位相を調べる方法

トランスによっては表示がなく、位相が解らない場合があります。その時は下記のように巻線を直列接続し、テスターを交流電圧レンジにして調べることができます。位相が合っていれば無負荷なので約1割ほど高い数値になります。並列でのテストはもし極性が逆だった場合、大電流が流れて危険ですので、最終的に並列で使うにしてもチェックの時は直列にして計測するようにします。

※電流値は交流のまま使う場合です。直流に整流する場合は整流方式によって出力電流の許容値が減ります。
※トランスの電圧表示は定格電流まで流したときの表示ですので、定格より小さい電流で使うと実際には少し高い電圧になります。

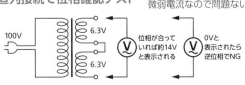

直列接続で位相確認テスト

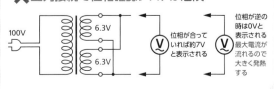

✕並列接続で位相確認テストは危険

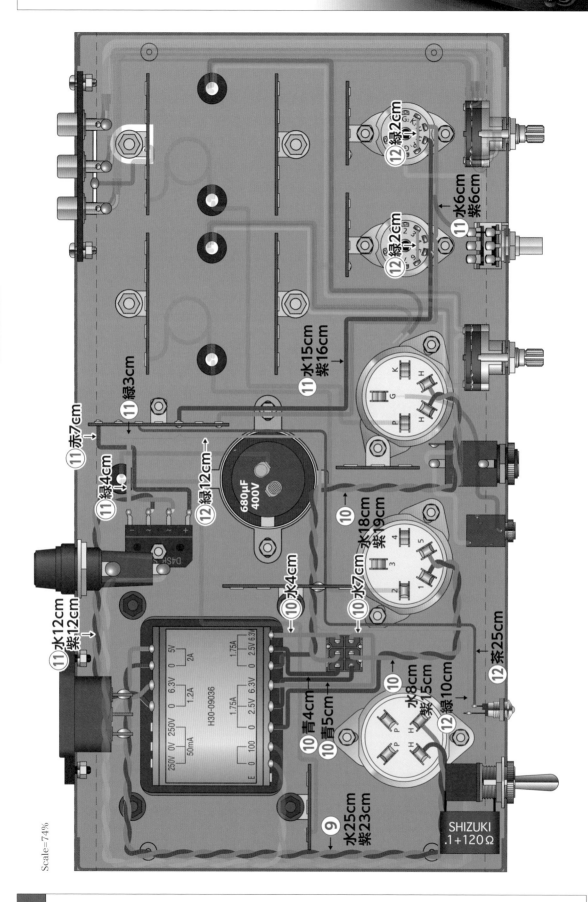

Beam Single

2A3 Single

Headphone

Paint

Chassis Processing

Other Work

Industrial Tool

Shop List

Scale=74%

ヒーター回路全般を配線していきます。誘導ハムによる雑音を低減させるため、全て撚る（2本の線をよじる）ように先に処理しておきます。

線の長さ表示は撚る前の長さです。撚るとだいたい1〜2cm短くなります。

0.5sq（AWG20）の線材を使っていますが、0.3sq（AWG22）以上の太さであれば問題ありません。（AWGは数字が小さい方が太い）

⑨ 整流管のフィラメント回路を配線します。青と紫を使っていますが両方青でも構いません。後でUX4Pソケットの4番ピンは赤のリード線も配線します

が、先にヒーターチェックをするため、しっかりハンダ付けします。

⑩ パワー管へのヒーター配線をします。本機では2.5Vと6.3Vの切替え用トグルスイッチを経由しますので少々手数が多くなっていますが、図を見て間違いなく配線してください。

⑪ ドライバー管へのヒーター配線をします。シリコンブリッジまでは撚っていますが、その先は直流になるため撚らずに配線しています。もちろん念のため撚っても構いません。

⑫ LEDとMT9Pの3-6番ピンの配線をします。ここは僅か

な電流しか流れませんので、もっと細い線材を使っても構いません。

LEDブラケットはリード線が長すぎるため、図のように短く切ります。その際、プラスとマイナスのショート防止で長さを変えると良いでしょう。心配でしたら熱収縮チューブをかぶせると良いです。

⑬ 配線ができましたら下図のようにケミコンと抵抗を取り付けます。⑬と書いてあるところはケミコンのリード線を利用して繋げてください。

LEDの電圧ドロップ用のカーボン抵抗（1.5kΩ 1/4W）は狭いところでケミコンのマイナス端子と触れそうなので、熱収縮チューブを被せてください。

Scale＝100%

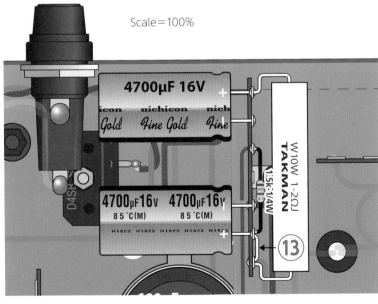

ヒーター点灯確認

ここまで配線ができましたら一旦作業を止め、間違いがないか念入りに確認してください。

大丈夫なようでしたら真空管を全て挿し、1Aのヒューズを入れます。UX4Pソケットは間違いやすいので、80は挿入方向に注意してください。1番ピンと4番ピンだけ若干太くなっています。

ヒーター電圧用のトグルスイッチのポジションを間違えないように合わせてください。27と56は2.5V、37と76は6.3Vです。用意できましたら電源をオンにし、部屋を暗くして点灯しているか確認してください。

シャーシー外側（上）から見たヒーター電圧切り替えスイッチ。27か56を使用する場合は左側（2.5V）に、37か76を使用する場合は右側（6.3V）にする。トグルスイッチの場合、内部では左右逆に接続されている。間違うと真空管をダメにしてしまうので要注意。

アース配線

アース回路全般を配線していきます。本機は配線が混雑してMT管廻りはリード線ではやりにくいため、一部スズメッキ線で母線を張っています。

電流は少ないアンプですので線材は0.3sq（AWG22）の太さで充分です。

基本的にラグ板への配線はほとんど下穴に行いますが、一部はラグ板の上穴にハンダ付けします。

また、ラグ板で隣同士が両方アースの場合はビニール線を使わず、後で抵抗やコンデンサーのリード線を折り曲げてアース配線をする部分があります。

14 まずスズメッキ線で母線を貼ります。両端を折り曲げてL-chのMT9PソケットのセンターとUY5Pと共締めしたラグ板にハンダ付け固定します。

MT9PソケットのR-chセンターにも別に切ったスズメッキ線をハンダ付け固定します。

MT9Pソケットの9番ピンは6DJ8の内部シールドに接続するため、スパークキラー等の余ったリード線を利用してセンターピンと接続します。

15 出力トランスの黒リード線や予備配線してあったバリオームやヘッドホンジャックの黒リード線がブラブラしてて邪魔ですので、先にアース母線にハンダ付けします。

16 全てのアース部分を黒リード線で配線していきます。ポイントになる部分は次の三つです。RCA入力ピンプラグの近くのラグ板のセンターピンはシャーシーアースポイントです。ここは配線が

混み合って穴にリード線が入りきらないので、2本は上の穴にハンダ付けします。

UY5Pソケットの1番ピン（2ヶ所）は先にヒーター配線がしてありますが、ここも黒線を追加取り付けしてアースします。

ブロックケミコンのマイナス端子とラグ板の間は200Ω・2Wの抵抗でアース両端を接続します。この抵抗は電源トランスからのリップル低減と電圧調整の役目を持たせています。

17 B電圧とアースの3本を撚って配線します。表示の長さは撚る前の長さです。この長さで線材を切っても少し余裕がありますので、厳密でなくても構いません。

また、解りやすくするために一部濃赤で表示していますが、同じ赤線です。

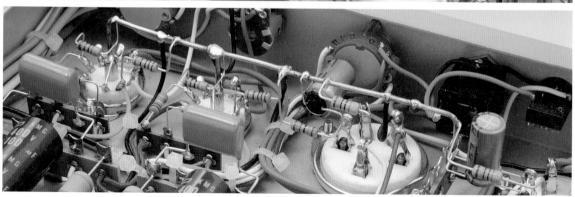

Scale=74%

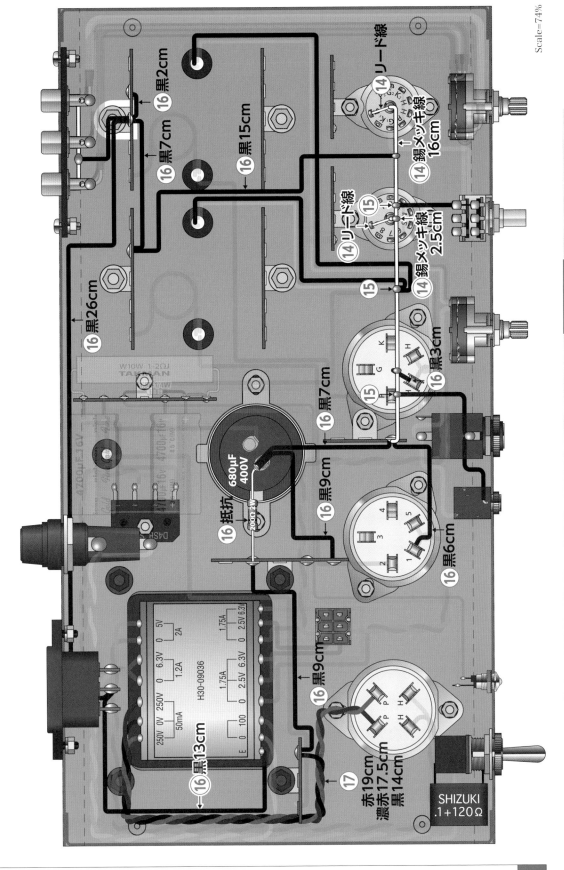

16 黒2cm

16 黒7cm

16 黒15cm

14 リード線

14 錫メッキ線 16cm

15 リード線

15

14 錫メッキ線 2.5cm

14

16 黒26cm

W10W 1-2Ω
TAKMAN

680μF 400V

抵抗
200Ω 2W

16 黒3cm

16 黒7cm

15

16

16 黒9cm

16

16 黒6cm

16

H30-09036

250V	0V	250V		0	6.3V		0	2.5V	6.3V	5V
50mA			1.2A			1.75A				2A
E	0	100						2.5V	6.3V	1.75A
										2.5V 6.3V

16 黒9cm

16 黒13cm

17 赤19cm 濃赤17.5cm 黒14cm

SHIZUKI .1+120Ω

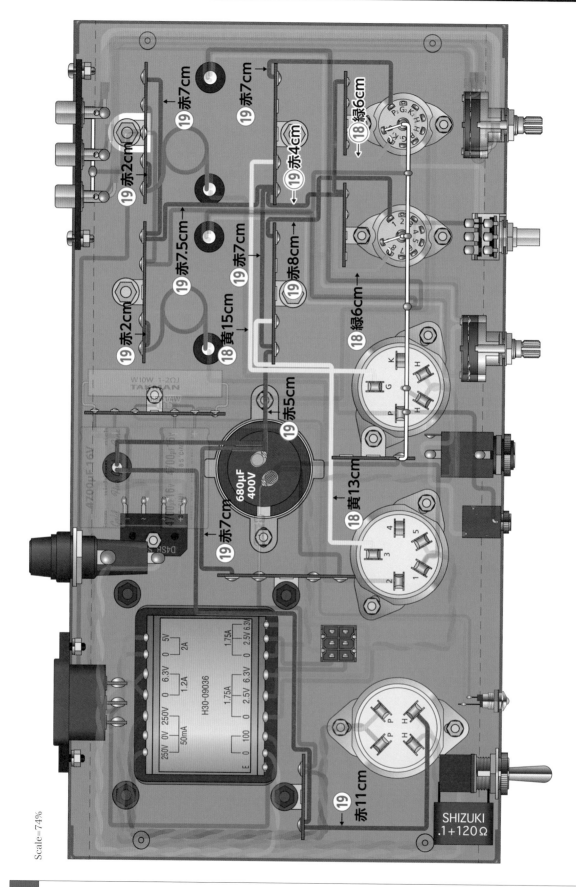

残りの配線をしていきます。

配線材は全て0.3sq（AWG22）の太さを使っています。

⑱ グリッド回路は黄の線材、カソード回路は緑の線材を使います。ラグ板は下の穴に配線、ハンダ付けします。

⑲ B電圧の通る部分は全て赤の線材で配線して行きます。整流管のUX4Pソケットは既にフィラメント配線がハンダ付けされていますが、その4番ピン（青線が付いているところ）はハンダを溶かして赤線を追加し、ハンダをもう少し追加します。

他にもラグ板に仮付けとなっている部分も今回は全てハンダを流し、固定します。

RCA入力端子近くの赤2cmは抵抗やコンデンサーのリード線余りで配線しても結構です。

ブロックケミコンは熱に弱いですのでハンダ付けは手早く行ってください。

ここまで作業が完了しましたら、次回はいよいよCR類（コンデンサー・抵抗）の取り付けをします。そうなると配線が見えにくくなりますから、この時点で間違いがないか良く点検をしてください。

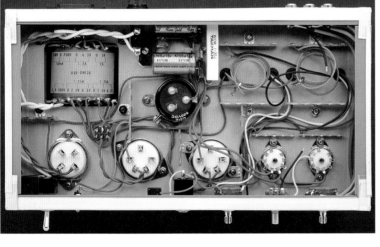

配線とヒーターのDC点火回路のハンダ付けが終わったところです。あとで結束バンドでまとめればキレイになります。

COLUMN　フィラメント電力と真空管の寿命

昔からフィラメント電力の小さい真空管ほど寿命が長いと言われていました。

まだLED電球がない昭和の時代、白熱電球はワット数で寿命がだいたい決まっていました。

照明が白熱電球だった当時、電傘に40Wの電球よりも20Wの電球をつけた方が長持ちし、毎日一定時間使っても1年以上持つこともざらでした。もちろん暗いのですが。

しかし同じ電傘に100Wの電球をつけてみると明るい代わりに1ヶ月も持たずに切れたものです。

これはタングステン電球の時代からハロゲン電球の時代に移っても同じで、クルマのヘッドライトを55Wから100Wのハロゲン電球に変えても早く切れるようになりました。

真空管にも同じことが言えるようで、とくに直熱管のフィラメントは元々電球と同じですから、出力の割にフィラメントが省電力な300Bは寿命が長く、音質面や低いB電圧でも高出力、などの要素もあって世界的に評価されるに至ったわけです。

但し傍熱管のヒーターは一概に言えないようで、これは材質などの技術革新の賜物です。

もっとも真空管はフィラメントやヒーターが切れるよりもエミッショ

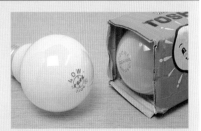

ン低下によってプレート電流がだんだん流れなくなって寿命になるケースの方が多く、よっぽどフィラメントが弱いと言われた真空管以外は気にすることはありません。

Beam Single｜2A3 Single｜Headphone｜Paint｜Chassis Processing｜Other Work｜Industrial Tool｜Shop list

いよいよCR類を取り付けていきます。

CR類などのパーツ取り付けで守らないといけないことは、必ず2点付け以上をすることです。

抵抗の片側をラグ板にハンダ付けし、もう片側に直接ビニール線を直付けして固定していないと、アンプの移動や振動などで抵抗が動き、思わぬショート等に見舞われることがあるためです。

右図のパーツはどこから始めても構いません。

リード線同士がくっついてショートしないように注意してください。2点付けをしていればMT9Pソケット廻りの狭いところもショートの心配はそれほどありませんが、もし心配でしたらエンパイアチューブや熱収縮チューブを被せて配線すると良いでしょう。

電解コンデンサー（ケミコン）は抵抗よりも熱に弱いため、あまり長時間ハンダゴテを当てないように気をつけてください。通常のハンダ付けをしている限り壊れることはありませんが、念のためいつも気に留めて作業するようにします。

また、電解コンデンサーは極性がありますのでプラスとマイナスの向きを間違えないよう注意してください。

立てたり寝かせたり2種類の取り付け方をしています（写真と図は少し違います）が、これは容量表示がなるべく見えるようにするためです。寝かせると容量表示が下になってしまう場合はできるだけ立てています。

抵抗とフィルムコンデンサーは極性がありませんので、どちらの向きでも大丈夫ですが、メンテナンスのことを考えると、数値が見易い向きに揃えたほうが後々楽です。

最後にボリュームツマミとロータリースイッチのツマミを取り付け、文字シールを作成・貼り付けて製作作業は完了です。

「文字シール作成」はP168をご覧ください

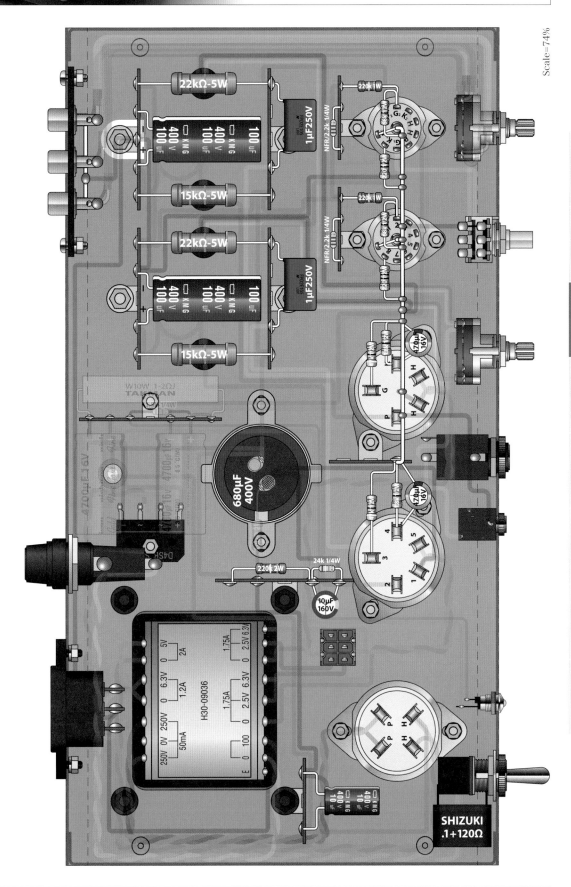

Scale=74%

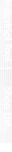

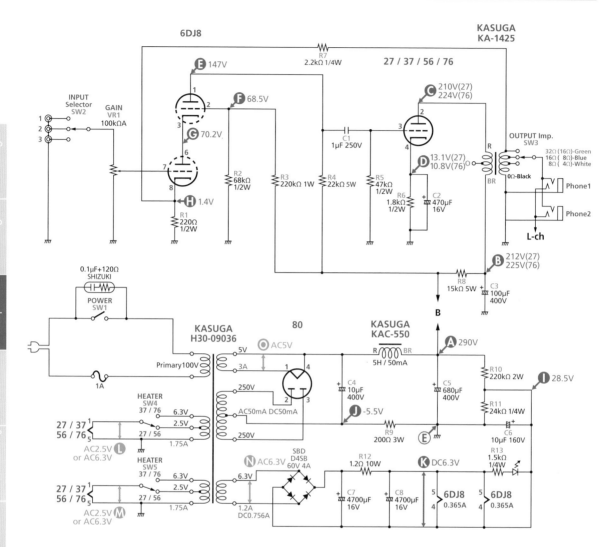

本機は調整箇所がありません。しかし安全確認と正常動作確認のために各部の電圧くらいは測定しておきます。

また、ヒーターチェックは以前やっていますので、初回電源投入時は部屋を明るく、静かにしてください。これは異常電流が流れて抵抗やコンデンサーから煙が出たりしていないか確認するためです。

電源を入れ、15秒位で所定の電圧になりますので、変な音やニオイがしないか、煙が上がってこない

かなどを耳と鼻と目を使って注意深くチェックします。

もしヒューズが切れる、煙が上がったなど、問題がある場合はすぐに電源を切ります。

本機は電源オフ後数秒で触っても安全な電圧まで落ちるようヒーターバイアス兼放電抵抗が付いていますが、念のため数分おいて電解コンデンサーが完全に放電してから間違いがないかチェックをします。

問題がなければ電圧測定をしま

すが、電源投入後は異常がないかを調べるつもりでだいたいで結構です。

数十分経ってからの方が安定しますので、正確な電圧はその時に記録します。

AC1次側とヒーター配線は製作途中にチェックして問題がないことが解っていますので、まずは高圧部分からチェックしていきます。

テスターをDCレンジにし、テスター棒のマイナスを🅔部分に当てて🅐などの青色箇所のチェックは

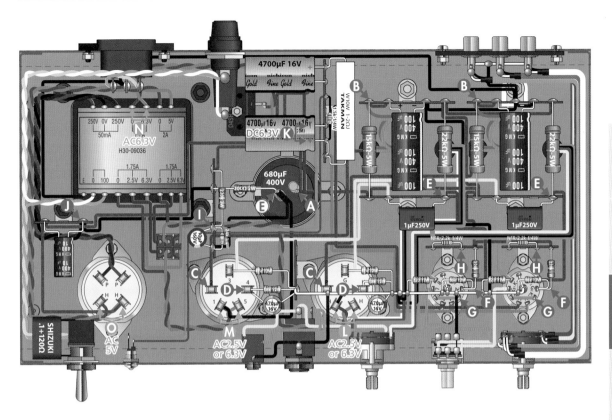

Beam Single

2A3 Single

Headphone

Point

Chassis Processing

Other Work

Industrial Tool

Shop List

全てプラス側を当ててチェックします。

　但し**K**部分のみは4700μF16Vの両端（矢印の両端）にテスター棒を当てて測定してください。基本的にプラスマイナスはケミコンと合わせて当てますが、間違えて逆に当てても現在のデジタルテスターなら表示がマイナスになるだけで問題ありません。（アナログテスターはメーターに無理な力が加わるので避けてください）

　測定結果は回路図表記の±5%以内に入っていればOKです。真空管アンプは真空管のエミッション（消耗度）で電圧も多少変わりますので、神経質にピッタリ合わなくても気にする必要はありません。

　但し電圧が大きく違うようでした

ら、どこかに間違いがありますのでトラブルシューティング（P170）を見て対応してください。

　フィラメント・ヒーターの電圧測定はテスターにACレンジがあり、真の実効値に対応している必要がありますので、お持ちの方は**L****M****N****◎**の矢印両端にテスター棒をあてて測定してください。

　その際、本機のパワー管は挿替え式でトグルスイッチにより電圧が変わりますから、使うパワー管によってスイッチポジションを間違えないようにしてください。パワー管のヒーター電圧（**L**と**M**）は27と56がAC2.5V、37と76がAC6.3Vです。

　電圧チェックが全て終わりましたら一旦電源を切り、底板を取り付

けて使用状態にします。

　最後に音出しチェックをしますが、3系統のRCA入力全てが問題ないか入力をつなぎ変えてチェックしてください。

　また、インピーダンス切替えスイッチもちゃんと機能しているか確認します。

　多少のミスマッチですぐに壊れたりしませんので、ヘッドホンをつなぎ、切替えてみてください。

　これで全作業終了です。お疲れさまでした。

Beam Single

2A3 Single

Headphone

Paint

Chassis Processing

Other Work

Industrial Tool

Shop List

本機は小出力のヘッドホンアンプのため、通常のアンプとは違った測定用意が必要です。

出力がヘッドホン端子なのでヘッドホンプラグを用意し、ダミーロードは16Ωと32Ω負荷で測定できるよう自作しました。

なお測定は27、56、76について全て左チャンネル、32Ω負荷、フィルター類は全てOFF、補正なし、の条件でしています。37は所有していないので未測定です。

入出力特性

クリッピングポイントは入力0.5V時に27で出力約0.2W、56と76で約0.3Wとなり、十分な出力が得られました。

通常使用では入力65mV時の5mW出力あたりになると思います。その時の歪率は0.21%（1kHz）です。歴史的に一番古い27は増幅率（μ）が9と低いため、規格通りに出力も少し小さくなっています。56、76は13.8ですので少し大きな出力になります。

周波数特性

平均的な使い方を想定し、10mW時の周波数特性を測定しました。76使用時に-1dBの範囲で18.2Hz～27.8kHz、-3dBの範囲では8.7Hz～47kHzと、何とか目標のハイレゾ対応と言ったところでしょうか。

やはり予想通りで挿し替えてみるとこちらも時代順で27→56→76と新しい設計の球ほど良い結果となっています。

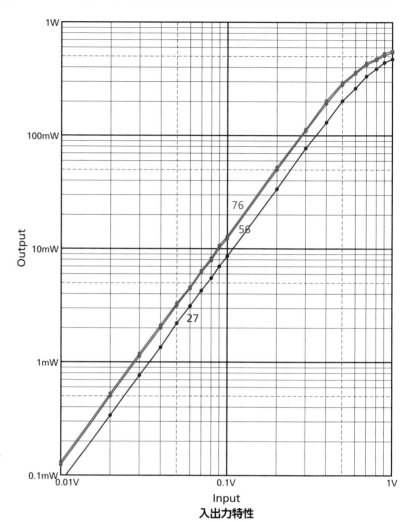

入出力特性

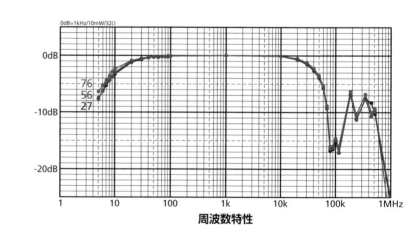

周波数特性

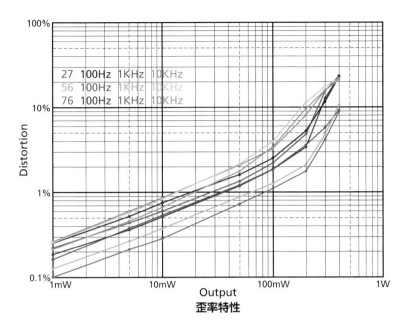

Beam Single

2A3 Single

Headphone

Point

Chassis Processing

Other Work

Industrial Tool

Shop List

歪率特性

本機の定格

定格出力	0.2W+0.2W（27）、0.3W+0.3W（76）
最大出力	0.4W+0.4W（27）、0.5W+0.5W（76）
出力インピーダンス	8Ω、16Ω、32Ω（スイッチ切替式）
入力感度	0.5V（定格出力時）
入力インピーダンス	100kΩ
ゲイン	14.5dB（27）、16.1dB（56）、16.3dB（76）
周波数特性（27）	23Hz～24.5kHz at-1dB、11Hz～43.5kHz at-3dB
（56）	23Hz～28kHz at-1dB、10.8Hz～47kHz at-3dB
（76）	18.2Hz～27.8kHz at-1dB、8.7Hz～47kHz at-3dB
歪　率（27）	0.53% at10mW・1kHz、1.92% at0.1W・1kHz
（56）	0.38% at10mW・1kHz、1.30% at0.1W・1kHz
（76）	0.29% at10mW・1kHz、1.13% at0.1W・1kHz
チャンネルセパレーション	L→R：61.2dB、R→L：60.3dB at1kHz、RL=32Ω、56使用時
残留雑音	0.14mV
消費電力	39W（27）、35W（56）、32W（76）
最大外形寸法（突起物含）	W308×D194×H172mm（ボンネット付き）
重　　量	5.1kg（ボンネット付き）

歪率特性

　こちらも新しい時代の球ほど歪率が下がると言う結果になりました。27が一番歪が多く、76が一番少ない結果となり、その差は1.8倍位違います。但しほとんど2次歪ですので、歪が多いからと言って音が悪い、とはなりません。これを個性として楽しめたら挿し替え式とした甲斐があったと思います。

　なお、100Hzが思ったより悪くなかったのは予想外でした。

　10kHzの方が出力トランスを2倍のインピーダンスに見立てた影響が出ています。

その他

　入力ショート時の残留雑音は0.1～0.15mVの間に収まりました。この数値なら無音時でもノイズは気になりません。但し電源オン直後、ヒーターが温まるまでの間はブーンと少しハム音が出ますが十数秒で消えます。

　本機は負荷がヘッドホンのため、ダンピングファクターは測定しませんでしたが、代わりにチャンネルセパレーションを測定しました。1kHz以下では63dB、高域になるに従って低下し、20kHzでは45dB、100kHzでは28dB程度となりました。

　37の測定結果がありませんが、おそらく時代順で27→37→56→76と結果が良くなっていくと思われます。これほどしっかり時代順の結果が出るアンプも珍しいかも知れません。

Beam Single | 2A3 Single | Headphone | Paint | Chassis Processing | Other Work | Industrial Tool | Shop List

ヘッドホンアンプは一般的にスピーカーよりも高インピーダンス負荷、低出力なので、当初はSEPP-OTL回路で考えていました。その場合、小型に作るため選ぶ球は当然の如く5687などの双3極管になると思います。

しかし真空管保管箱をあさっていたところ、27や76などの古典管を使ったものにしたくなり、そのため回路構成も大幅変更です。

パワー管に電圧増幅用の古典管を使用する場合、価格よりも入手難易度の方が気になってきます。本機ではUY5Pソケットの27、37、56、76など数種類を使えるように挿し替え可能として設計しました。どれかが入手できれば本機が成立します。

これらの球は内部抵抗が高く、出力インピーダンスも高くなりますが、出力トランスに合ったものがないので、春日無線のKA-1425（14kΩ）を2倍の28kΩと見立てて使うことにしました。

そのため2次側は8Ωのヘッドホンは4Ω端子に、32Ωのヘッドホンは16Ω端子に接続します。ヘッドホンは32〜38Ωあたりのものが多くありますので、これが案外良い結果となりました。

ドライバー段はゲインや周波数特性などから考えてカスコード接続とし、元々高周波のカスコード接続用として開発された6DJ8/ECC88を採用することにしました。

当初はスマートホンでの使用を考えてハイゲインにするため、単に2段直結によるドライブとしていましたが、ボリュームを上げられなくて思ったよりも使いにくく、音ももうひとつ納得できなかったため、カソードフォロワーにしたりSRPPも検討しましたが、今度はゲインが足りなくなるので最終的にカスコード接続としました。

NFBは76時に約7dBほど掛けています。27ではゲインが下がるため6dBになります。

もっと個性を出したい場合、歪みは増えますがNFBを減らしたり無しにするのもありです。

電源回路はシンプルな整流管整流、コンデンサーインプット、π型フィルターですが、通常のアンプより微弱信号を扱うため、念のため6DJ8/ECC88は直流点火としています。

パワー管のヒーターは27・56は2.5V、37・76は6.3Vですので、挿し替えした場合にトグルスイッチで電圧を切換えています。スイッチは使用中むやみに触れないよう真空管の後ろに配置しました。

これらの電力供給を引き受ける電源トランスはピッタリのものがなかったので、春日無線に特注して作って頂きました。品番H30-09036と言えば同じものを作って頂けます。

市販品で代用する場合はゼネラルトランスのPMC-200Mが使えますが、サイズが大幅に大きくなりますので、シャーシーの変更が必要です。

調べたところ、PMC-200Mより小さいものはB電圧が高すぎたりヒーター電流容量が足りなかったりで本機に合うものがありませんでした。

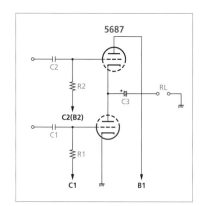

図1 SEPP-OTL（Single Ended Push Pull-Output Transformer Less）／大きな出力が不要でインピーダンスの高いヘッドホンには向いた回路。C3を省いてOCLにしたいところだが保護回路などで複雑になる。

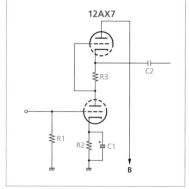

図2 SRPP（Shunt Ragulated Push Pull）／出力インピーダンスが低くなるため周波数特性に優れ、ダンピングファクターが低くなる（出力段ほどではないが）回路だが、2本使っても1本分のμなのでゲインが少ない。

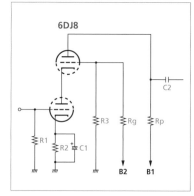

図3 カスコード接続／上下合わせて5極管のような回路だがゲインも5極管並みに得られて丁度良いので本機で採用。動作範囲が狭く、出力インピーダンスも高いが下の球のミラー効果が極小になるため高域特性に優れる。

使用できるヘッドホン

　通常のステレオプラグでつなげるヘッドホンやイヤホンであればほぼ全て使用可能です。600Ωなどインピーダンスが極端に高い機種でも使えなくはないですが、音がかなり小さくなり、無理に入力・ボリュームを上げても音が歪みます。

　逆に小さいインピーダンスのヘッドホンは6Ω程度のものまでは大丈夫ですが、4Ωなど極端に小さいものは真空管の寿命を縮める可能性があるので避けた方が良いでしょう。

　もっとも本書を読んだ方が製作者＝使用者と言うケースがほとんどだと思いますので、本人が解っていて、あまり大きな入力を入れない、と言うのであれば極端に小さいインピーダンスのものでも大丈夫です。

インピーダンス切替スイッチ

　ヘッドホンによりどのインピーダンスポジションを選べば良いかですが、だいたいの近似値で大丈夫です。例えば公称インピーダンス12Ωのヘッドホンであれば8Ωか16Ωのどちらかを選んでください。音質（特性）が若干変わるので、好みで結構です。

　ほとんどの使用状況で真空管に無理が掛からないようになっていますが、極端に低い（8Ω未満の）インピーダンスのヘッドホンを最大（32Ω）ポジションで使うことは避けてください。

ヘッドホンの2台同時使用

　本機は標準ジャックとミニジャックの二つの出力を用意しましたが、同時に使えるかはインピーダンスを考えると理解できると思います。

　例えば32Ωのヘッドホン2台を同時につなげると回路から見ると並列接続ですから出力インピーダンスは16Ωになります。つまりこの場合はインピーダンス切替スイッチを16ΩにすればOKです。並列抵抗値と同じ考え方で大丈夫です。

　64Ωと12Ωなど極端に違うヘッドホンを同時使用すると、10Ωになりますから、8Ωポジションで使います。この場合、64Ωの方は12Ωのものより音がだいぶ小さくなります。

ヒーター切替スイッチ

　真空管を挿し替えた時は電源ON前に必ずヒーター切替スイッチのポジションを確認してください。

　27と56は左側、37と76は右側に倒します。

　もし27や56の時に右側（6.3V）にしてしまうと、すぐには切れないかも知れませんが、数分でヒーターが切れて真空管をダメにしてしまいます。

モノラルイヤホン

　イヤホンだけでなく、ステレオ以外のプラグ、例えばモノラルイヤホンやマイク入力機能を持った4P以上のプラグを持つ機器は出力端子を内部的にショートさせてしまうため、絶対に使用しないでください。

　モノラルプラグの場合はRchとアース部がショートします。この状態で大きな入力を入れると過大電流で出力トランスの断線や出力部真空管のエミッション低下、つまり寿命を縮めることになります。

アダプターを使えば標準プラグの方もミニプラグのヘッドホンが使える

ARCTURUSの青ナス管127（27）使用時。こんなビンテージ管も使用可

Beam Single

2A3 Single

Headphone

Psvane

Chassis Processing

Other Work

Industrial Tool

Shop List

使用可能球の規格

電圧増幅管の規格（パワー管として使用）

球　名	27		37			56　/　76	
接続図							
ヒーター電圧/電流	2.5/1.75A		6.3V/0.3A			2.5V/1A[56] 6.3V/0.3A[76]	
最大定格							
最大プレート電圧	275V		---			250V	
最大プレート損失	---		---			1.4W（東芝値）	
最大グリッド抵抗	1MΩ		1MΩ			1MΩ	
ヒーターカソード間電圧	90V		---			45V（東芝値）	
代表動作例							
プレート電圧	180V	250Vmax	135V	180V	250Vmax	100V	250Vmax
プレート電流	5.0mA	5.2mA	4.1mA	4.3mA	7.5mA	2.5mA	5.0mA
グリッド電圧	-13.5V	-21V	-9V	-13.5V	-18V	-5V	-13.5V
総合コンダクタンス	1000μS	975μS	925μS	900μS	1100μS	1150μS	1450μS
プレート内部抵抗	9,000Ω	9,250Ω	10,000Ω	10,200Ω	8,500Ω	12,000Ω	9,500Ω
増幅率	9	9	9.2	9.2	9.2	13.8	13.8

整流管の規格（コンデンサーインプットのみ）

球　名	80	5Y3GT	5V4G	6X5GT
接続図				
ヒーター電圧/電流	5V/2A	5V/2A	5V/2A	6.3V/0.6A
最大定格	設計中心	設計中心	設計中心	設計中心
尖頭耐逆電圧	1400V	1400V	1400V	1250V
尖頭プレート電流	各400mA	各400mA	各525mA	各245mA
入力コンデンサー	10μF	20μF	8μF	10μF
代表動作例（各プレートごと）	コンデンサー入力	コンデンサー入力	コンデンサー入力	コンデンサー入力
交流プレート供給電圧	350V	350V	375V	325V
入力コンデンサー	10μF	20μF	8μF	10μF
実行プレートインピーダンス	各50Ω	各50Ω	各100Ω	各525Ω
直流出力電流（全負荷）	125mA	125mA	175mA	70mA
直流出力電圧（全負荷）	350V	360V	415V	310V

本機ではパワー管に合わせて整流管もSTタイプの80を使いましたが、もし入手できない場合はGT管の5Y3GTや5V4Gも使用できます。

但しソケットをUS8Pオクタルソケットに変更する必要があります。

また、80よりも新しくて若干効率が良いため、出力電圧が少し上がります。

その場合、5Y3GTまたは5V4の出力（8番ピン）とC4（10μF/400V）の間に5Wのセメント抵抗を入れて調節してください。

抵抗は数十〜数百オームになると思います。

電圧増幅管の規格

球　名	6DJ8/ECC88	7DJ8/PCC88	6922/E88CC	7308/E188CC
接続図				
ヒーター電圧/電流	6.3V/0.365A	7.0V/0.3A	6.3V/0.3A	6.3V/0.335A
最大定格	設計中心		設計中心	設計中心
プレート電圧(カットオフ)	550V		550V	550V
プレート電圧	130V		220V	250V
プレート損失	1.8W		各1.5W 両2W	1.65W
グリッド電圧	-50V		-100V	-110V
カソード電流	25mA		20mA	22mA
グリッド抵抗	1MΩ		自己バイアス1MΩ	自己バイアス1MΩ 固定バイアス500kΩ
ヒーター・カソード間耐圧	unit1／±50V unit2／±130V	unit1／±80V unit2／±130V	+120V -60V	+150V -100V
代表動作例 A1級シングル				
プレート電圧	90V		100V	100V
プレート電流	15mA		15mA	15mA
第1グリッド電圧	-1.3V		+9V *	+9V *
総合コンダクタンス	12.5mS		12.5mS	12.5mS
増幅率	33		33	33
等価雑音抵抗	300Ω		---	250Ω

●複数の代表動作例が発表されている場合、最大出力のものを掲載しています。

●メーカーにより発表規格が違う場合は小さい方の電圧・電流値を掲載しています。

●整流管の入力コンデンサーは発表値がメーカーにより異なりますので一番小さい値を掲載しています。

ヒーター電圧が7Vの7DJ8（欧州名PCC88）は6.3Vで点火しても90%の電圧なので普通に動作します。

6922/E88CCや7308/E188CCは高信頼管として若干規格が違いますが同等管として挿し替えても大丈夫です。

本機で色々なヘッドホンを使ってみました

audio technica
オーディオテクニカ
ATH-PRO5X

　低高音強調タイプで一番帯域が広い感じ、音が明るいです。ベースコードをコピーする時に使えそう…これぞハイレゾ！と言う感じのヘッドホンでした。これくらいやらないと爆音のクラブなどでモニターできないのだろうと想像、でも高音がうるさいとは感じないし、ちゃんと楽器が分離しており最近のヘッドホンはすごいなーと感じます。

　イヤーパッドが大きくていいです。

　真空管HPアンプと相性が良く、真空管が音のトゲを取ってなめらかにしてくれます。短い方のコードは外出用、カールコードは長めで室内用と2本付属しています。価格を考えるとコストパフォーマンスは抜群。

　全域を限りなく聞かせるモニターとして現代の考え方のタイプ。

実測インピーダンス 34.8Ω

SONY
ソニー
MDR-CD900ST

　中音の張り出しがすごくボーカルが迫ってきて色気を感じます。だからと言って低音・高音が弱いワケではなく、キレが良くて全域に渡って高解像度。一目瞭然の音で唯一無二の存在です。

　可聴帯域はしっかり聞かせ、それ以外はスパっと落とすモニター本来の考え方のタイプ。

　イヤーパッドが薄く長時間掛けているとメガネのフチが痛くなります。能率が高いせいか、電源の入っていない機器の金属にプラグが触れただけでノイズが聞こえます。実測インピーダンスがスペックより高めなので能率ほど音が大きくなく、他の機種と変わりません。

　有線専用なので標準プラグ＋コードが長くて使い勝手が良いです。

実測インピーダンス 77.0Ω

Panasonic
パナソニック
RP-HX350

　ヘッドホンとしての基本性能を追求したコストパフォーマンスに優れたモデル。高級機と比べたら見劣りするのは仕方ありませんが、無名なメーカーも多くある同価格帯の中では中々の音です。スッキリあっさりの音。音離れは良いです。数字より帯域が狭く感じます。おそらく-20dBとかの範囲で書いてるようです。ゲーム機との相性がいいです。測定距離が違うのか、能率ほど大きな音ではありません。

　イヤーパッドは硬く耳をスッポリ入れれば痛くはないですが長時間はキツイです。フィット感はいまひとつで上下の可動範囲がもっと欲しい、LRの表示が解りにくいなど、デザインで何とかできそうな部分は要改良だと感じました。

実測インピーダンス 31.6Ω

SONY
ソニー

WH-1000XM3

電源OFFで視聴。しっとり落ち着いた音。低域寄り。ホントにハイレゾ？ってくらい高音が落ち着いています。

ボーカルが良く聞こえるのはソニーのカラーでしょうか。全体的にトゲがなくてマイルド、余韻が残ります。トランペットなどのハイノートは少し物足りない感じです。全体的に上質で大人の音。イヤーパッドが深く可動機構も良く動いてフィット感は抜群、心地よいです。お出かけ使用が前提のようで音声コード、USB充電コード共少々短いです。何度か引っ張って外れてしまいました。

実測インピ ーダンス	Power OFF/16.2Ω
	Power ON/47.4Ω

お出かけワイヤレス使用

評価が一変、これくらい低域があった方が全体のバランスが良く感じます。

ノイズキャンセリングの性能はピカイチ。オンにすると中低域のノイズが激減、音楽に没頭できます。電車内で走行音がなくなりますが、音声帯域は聞こえる程度に減衰するので車内放送は小さく聞こえます。外出中は音の完全遮断は危険なので、これで充分です。

アプリは多機能ですが使い勝手も良く、国産の強みで日本語の説明も丁寧。音声ガイダンスもデフォルトは英語ですが日本語にもできます。イコライザーやサラウンドは多数のパターンが登録されていますがオフでも十分良い音です。

SENNHEISER
ゼンハイザー

M3AEBTXL

高域は誇張がなく自然な響き。音声帯域も良くボーカルが前に出てきますが、低域は膨らんで解像感に欠けます。おそらくインピーダンスミスマッチのために少し歪っぽさが出ます。本機との相性は悪く、高出力デジタルアンプか専用設計のアンプが向いています。

他機種より相当音量が小さく、ボリュームを最大にしてやっと他機種と同じです。この使いにくさは**実測インピーダンス394.4Ω**と高いためと、感度がケーブル使用時118dBとありますが0dBの基準が違うようで、要求されるアンプのパワーが他機種と桁違いなためです。

お出かけワイヤレス使用

ケーブル使用と印象がまるで違い、全域に渡ってフラットで上質な音、スペック上では周波数範囲が狭いですが、こちらの方が広く感じます。おそらく-6dBとかの範囲のようです。シンバル、ハイノートの美しさは特筆モノ。程よい低域のまろやかさがあります。

イヤーパッドが大きく、深いため装着感は抜群。メガネしてても痛くなりません。但しスライダーは使用中に動いてしまい、気がついたらハウジングが一番下まで下がり、耳に乗っかるので耳の上が痛くなります。

取扱説明書が11ヶ国語でほとんど説明になっておらず、不親切です。

ソフトウェアも解りにくいですが、慣れると中々良い機能です。イコライ

ザーは○をドラッグすることにより自由自在なカーブにでき、3段階のグラフィック・イコライザーにもできます。

ノイズキャンセラーは3段階に変更でき、デフォルトでは弱めなので最大にするとそこそこの性能が得られます。ハウジングの折り曲げが電源スイッチ連動でヨーロッパ的です。使いやすいようにも感じますが、オープン状態での電源オフはできません。

• • •

今回、メーカーのご厚意によりヘッドホンをお借りすることができました。

選定基準はモニターとして定評のあるものを軸にローコストの機種でも使えるか、急速にシェアを伸ばしているワイヤレス機も高級機ならケーブル使用できるので、どうなるか、などと言ったところです。

本アンプは二つのヘッドホン出力を搭載しましたが、比較試聴には実に便利でした。すぐに交代できるため音の違いが明確に解ります。

試聴してみるとスペックと実際の音が一致しないケースがあったため、後からインピーダンスを実測し、1kHz時のみ掲載しました。また、定格表記がメーカーによって違い、それが原因でハイレゾにこだわる必要はないと感じました。

やはりワイヤレス機はお出かけでの使用をメインにセッティングされており、本アンプのみのインプレッションでは不公平なので、お出かけ使用もしてみました。ケーブル使用はオマケのようですが、それでも1000XM3は充分な音質が表現できていました。

製作編 塗装

```
┌─────────────────────┐
│   トランスを分解   │
└─────────────────────┘
          ▼
┌─────────────────────┐
│   元の塗料を剥離   │
└─────────────────────┘
          ▼
┌──────────────────────────────────┐
│ 耐水ペーパーで水研ぎ シャーシーはここから │
└──────────────────────────────────┘
          ▼
┌────────────────────────┐
│ 内側をサーフェーサー下塗り │
└────────────────────────┘
          ▼
┌────────────────────────┐
│ 外側をサーフェーサー下塗り │
└────────────────────────┘
          ▼
┌─────────────────────┐
│ 耐水ペーパーで水研ぎ │
└─────────────────────┘
          ▼
┌─────────────────────┐
│   内側を色塗り2回   │
└─────────────────────┘
          ▼
┌─────────────────────┐
│   外側を色塗り2回   │
└─────────────────────┘
          ▼
┌─────────────────────┐
│  数日乾かして組み立て │
└─────────────────────┘
```

オリジナリティを出そうと思ったら是非ともシャーシーやトランスを塗装したいものです。しかしハンダ付けは得意でも塗装は苦手と言うかたも多いと思います。

塗装はゆっくり数日掛けて行い、失敗したら一度シンナーとサンドペーパーで全て落としてやり直すくらいのつもりで臨んでください。

トランスに塗装する予定がある場合は乾かす日にちを数日持ちたいため、できるだけ最初に作業しておきます。塗装作業はいくつか心得ておきたい注意点があります。

1 湿度に注意

塗装は雨天や梅雨時など湿度の高い日は避けてください。かぶってムラになったり思い切りツヤ消しになってしまいます。また、通常は屋外ですると思いますが、強風の日も避けてください。室内作業の場合は換気に注意です。

2 塗装物を浮かせる

吹く時はトランスやシャーシーを地面にベタっと置かず、浮かせて置きます。サフェーサー後は1日以上、塗装終了後は念のため3日以上乾燥させてください。

3 ご近所に配慮

時間などご近所に留意しましょう。塗料が飛び散らないようにしてもニオイはどうしても拡散してしまいます。洗濯物にニオイが着かないよう近くで干されていないか確認してください。

塗装を落とす

塗装のコーナーなのにいきなり塗料はがしの話からするのも気が引けますが、作業手順としては1番になりますので、まず塗料をはがすことからお話しします。

トランスの色を塗り替える場合、通常は古い塗装を落としてから塗装します。

塗装は絵を描く時と同じで濃い色の上に薄い色を塗らないのが基本です。特に黒いトランスの上に直接他の色を塗っても色が沈んできれいに見えません。

サンドペーパーだけで塗装を落とすのは大変なので塗装はがし液（ペイントリムーバー）を使います。スプレータイプもあり、手早く塗れて筆やハケの掃除の必要がありませんが、マスキングや周辺への飛び散り対策が必要です。

ハケ塗りタイプの方が室内で作業ができ、いつでも作業できます。どちらも同じレベルの剥離効果がありますが、水性タイプは弱いので避けた方が良いでしょう。

剥離時間は塗装の年数によって大きく変わります。数年しか経っていない比較的新しいトランスは塗った瞬間からすぐ、遅くても数分で塗装が剥がれてきます。しかし数十年経ったビンテージ品だと30分以上掛かることもざらにあり、剥がれ方も弱いですのでサンドペーパーと合わせて地道に落とします。

下地を塗る

トランスカバーは錆びやすい金属が多いため、さび止め（サフェーサー）を下塗りします。さび止めと塗料が一体になったものもありますが、サフェーサーを先に塗った方が途中サンドペーパーで水研ぎしますので表面をなめらかにできます。

シャーシーはアルミ素材が多く、そのままでは塗料が乗らない（付きが悪い）ので、下地処理は必須です。

通常はミッチャクロンマルチやメタルプライマー（非鉄金属用下塗り）を下塗りしますが、サフェーサーもアルミとの密着性が良いため利用できます。

注意点としてサフェーサーは塗るとベタベタして柔らかく、そのため

に素材と塗料との密着性は良いのですが、厚塗りすると塗装が終わって完全に乾燥しても、その柔らかさゆえに強く押さえつけると塗装が凹んで跡がつくことがあります。

そのような理由でサフェーサーは厚塗りせず、通常は1回塗りで十分です。サフェーサー後にサンドペーパーで研磨しますが、その時に下地が多く出てしまったとか、元々金属のキズ（凸凹）が多くて消したい場合はスプレー塗料では厳しいので、サフェーサーとサンドペーパーを交互に数回処理します。

トランスは重いので塗り終わって乾燥中に、塗った面を下にして置かないようにしてください。

Beam Single | 2A3 Single | Headphone | Paint | Chassis Processing | Other Work | Industrial Tool | Shop List

表面をなめらかにする

トランスの場合、古い塗膜を落とした後、表面をサンドペーパー（耐水ペーパー）でなめらかにします。

シャーシーがアルミの場合、塗装が乗りにくいのでサンドペーパーで表面をムラなく細かいキズを付けます。

どちらにせよサンドペーパーで削る作業は必須です。サンドペーパーは1枚あたり数十円と安価ですので種類（番手＝細かさ）、枚数も余裕を持って買い揃えてください。

サンドペーパーは最後の仕上げがつや消し塗装の場合は320〜800番程度、つや塗装の場合は1000番以上も必要です。

塗装前に擦るような作業は細目の番数を使いますので、例外なく水研ぎになります。水を流さないとすぐに目詰まりして作業が捗りません。

網目タイプの研磨シートもあり、目詰まりしにくくて使いやすいです。

サンドペーパーは予め小さく切っておくと良いでしょう。小さく切ると番号が解らなくなる部分が出てきますので、裏側に油性マジックで書き加えておきます。

目標の色を塗る

塗料は「弘法筆を選ぶ」です。安物は垂れやすかったり、まだ塗料があるのにガス抜けして使えなくなったりしますので、一流メーカーの塗料を使ってください。作業が捗ります。

私は色数が豊富で品質が良く（垂れにくい）、好みの濁った色が多いので、アサヒペンのクリエイティブカラースプレーを多用しています。東急ハンズのハンズスプレーも同社のOEM製品ですので同じカラー番号です。他に自動車用のスプレー塗料も良質で独特な色があって良いです。

カラーアルミスプレーはアルミシャーシーへの下地塗りが不要なのでひと手間省けて便利です。

スプレーの容量は大きい方が残量後半までガス圧が強めに保たれて塗りやすかったりします。

小さいトランス1個程度であれば100mlタイプのスプレー塗料でも大丈夫ですが、通常は数回重ね塗りすると量的に不安があるため、300ml以上のタイプを買った方が良いです。価格もそれほど差がありません。

とくにシャーシーの塗装には100mlタイプでは足りません。スプレー塗料は残量末期になるとガス圧が下がって吹き出しがムラになり、塗装に失敗しますから、残量末期まで使えないと思ってください。

下準備・トランスの分解

分解できる場合は分解します。

シールや銘板は予めはがしておきます。

チューブをかぶせてマスキングします。

基本的にトランスは分解できる限り、分解して塗装します。ビス、ナット、ワッシャーは順序を間違えやすいので必ず元と同じ順番に通して組み立てるまで保管しておきます。

トランスによっては4組のビス・ナットのうち、1ヶ所のビス・ナットセットのみアース対策がしてあり、残りの3組は絶縁されるようになっている場合があります。

厚み調整用のステーも枚数を間違えないように保管してください。

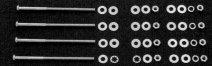

塗装剥離、下塗り、色塗り、乾燥などで長時間分解状態になりますので、長く置いておけるスペースが必要になります。また、組み立て順序が解るようにしてください。

パワートランスを分解したビス・ナットです。1組だけワッシャーの代わりに菊ワッシャーが二つになっていて、アース導通するようになっています。（写真は春日無線・特注電源トランス）

カバーがツメ折りで固定されているなど、分解すると破損しそうなトランスはそのまま塗装します。

リード線引き出し式のトランスは予めエンパイアチューブや熱収縮チューブなどをかぶせて塗料がつかないようにします。チューブは塗装中に抜けてこないように一部を熱収縮させておくなどの固定が必要です。（写真は春日無線・KA-1425）

▼Tips ダンボールで作った塗装ボックス

背面は開口面積を調整するため、フラップをひもで吊っています。

ダンボールで塗装箱を作ると周りに飛び散らず、汚さずに済みます。

写真はマンションのバルコニーで作業しています。

不要な台の上にダンボールを置き、少しの風でも潰れてしまうため、後ろに木枠を作って入れています。中に新聞紙でくるんだろくろを置き、向きを変えながら塗装します。ろくろの重みにより風で飛ばされることも防止しています。

背面は閉めてしまうとスプレーした塗料が長時間ダンボール内部で舞って思い切りツヤ消しになってしまうため、開けて空気が抜けるようにします。

Beam Single / 2A3 Single / Headphone / Paint / Chassis Processing / Other Work / Industrial Tool / Shop List

トランスカバー塗装

1 トランスを分解し、ペイントリムーバーを塗ります。新しい塗料ほど早く剥がれてきます。古いと30分以上掛かります。

2 ヘラなどで取り除きます。外側、内側とも同様に作業します。

3 少し塗料が残ってしまいますが、400番程度の耐水ペーパーで水を少し流しながら全体を擦って落とします。

4 サフェーサー（速乾サビ止め）を内側から塗ります。スプレー時、床面に直接置かず、少し浮かせて置きます。

5 内側が乾いたら外側を塗ります。やはりボール紙で作った台などで床面より少し浮かせています。

6 乾いたら600〜800番の耐水ペーパーで水研ぎして表面を滑らかにします。外側だけで良いでしょう。

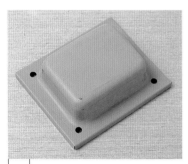

7 少しなら下地が出ても大丈夫です。サフェーサーはあまり厚いと表面が柔らかくなってしまうので1回塗りでOKです。

8 カラースプレーを内側から塗ります。塗料と塗る面の間隔はその日の風によって変わります。

9 内側を良く乾かしたら外側を塗ります。できれば翌日が良いです。外側は乾燥後に2度目を塗ります。

Tips アングルの塗装

トランスの足（アングル）など全周を塗る必要がある場合は針金などで吊って塗ると手早くキレイにできます。（写真はPMC-1520H）

Tips ハンドスプレー

トランスのカバーなど軽いものは木の棒などに両面テープで貼り、手で回しながら塗装すると塗装ボックスもいらず手軽です。但し無風の日に限ります。風の影響を受けるため、塗装ボックスを使った方が難易度は低いです。また、手に塗料が掛かるため、長めの手袋をすると良いでしょう。

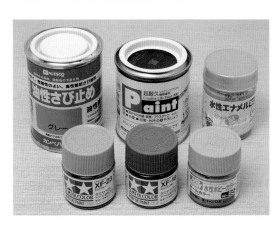

トランスのコア部分は木材と同じで
スプレー塗料では浸み込みが多くて
難しいので、ハケ（筆）塗りをします。
塗料は少なくて良いので
写真のような小さいもので大丈夫です。
プラモデル用のラッカー塗料なら色数も多く選べます。
コアは錆びやすいので
さび止め（サフェーサー）は必ず下塗りします。
写真にはありませんが、拭き取り作業でシンナーも必要です。

1 ペイントリムーバー（塗料はがし）を塗ります。コア部は凸凹なので剥がれてくるまでカバーより時間が掛かります。

2 完全には剥離しませんが、柔らかいうちにヘラ等ではがしていきます。

3 コアは水研ぎできませんので、残った塗料をサンドペーパーで削り取り、ウエスにシンナーを含ませて拭き取ります。

4 さび止め（サフェーサー）を筆で塗ります。塗り終えたら筆はすぐにシンナーで洗いましょう。

5 さび止めが乾いたら色塗料を筆で塗ります。コアの凸凹は直せないので、サンドペーパーの必要はありません。

カッティングシート貼り

コア部分に磁気シールド板が付いている場合は平らなので、通常は塗らない部分をマスキングしてスプレー塗料で塗ります。

しかしカッティングシートならもっと手軽です。カッティングシートであればもし色を変更したくなった場合、貼り替えができます。

カッティングシートを貼る場合、薄い色の場合は下地が透けるので、やはり元の黒い塗料は剥がす必要がありますが、中間濃度から濃い色でしたら元の塗料を剥がさなくてもわりと大丈夫です。

写真のような金・銀・銅などのメタルカラーは完全オペーク（不透明）色なので、黒いトランスにそのまま貼っています。

1 カッティングシートを切ります。トランスのコア部全周＋10ミリ程度の長さにして少し重ねます。

2 巻き終わりがカド近くにくるように考えて最初の1面を貼ります。

3 空気を抜きながら丁寧に貼っていきます。ズレないように注意します。

4 左手は空気を押し出しながら貼っていきます。巻き終わりがだいたいカド近くに来ました。

5 空気が入ってしまったところはカッターでわずかに切れ目を入れ、空気を抜いて圧着します。

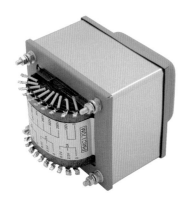

元通りに組み立てると
パワートランスのカラーリングは完成です。
但しトランス組み立ては塗装が良く乾いてからにし、
その間は他の作業を進めるようにします。
（写真はノグチ・PMC-170M/2A3シングルアンプで使用）

　シャーシーの塗装もトランスと基本的に変わりませんが、穴や曲がり角などにムラなく吹き付けるよう、斜めに吹き付けるのがコツです。

　穴に塗料を入れ込むイメージで吹き付けてください。

　通常メーカー製品は内側もしっかり塗装されていますが、自作の場合、アースポイントの塗装を剥いだり、配線中、中が暗くなるので、アルミむき出しの方が都合が良く、塗装しない方が良かったりします。

　ただ、絶縁のために内部を塗ることもありますが、製作者の好みで決めても大丈夫な部分です。

　写真は2A3シングルアンプのシャーシーです。

　塗装ボックスはトランスより大きなものを使っています。

1 塗料が乗りやすくするため、800番前後の耐水ペーパーを全体に掛けます。油分も落ちます。

2 大きな穴はエッジの仕上りも目立つため、400番程度のサンドペーパーを掛けます。

3 アルミは専用塗料以外は密着しないため、サフェーサー（速乾さび止め）かミッチャクロンマルチを塗ります。

4 サブシャーシーがある場合は同様にサフェーサーを塗ります。使い終わった布テープの芯で浮かせています。

5 サフェーサーが落ちないように800番程度（つや消し塗料の場合）のサンドペーパーを掛けます。

6 メインカラーを間隔を空けて2度塗りします。穴に塗料を入れ込むように斜めに吹き付けます。

7 サブシャーシーも同様に塗装します。乾かす時間があるため、メインシャーシーと交互に塗ると良いでしょう。

8 ボンネット用のアングルのように全面塗る場合は長いビスなどで固定・浮かせ、塗りにくい下側から塗装します。

9 次は上からスプレー塗料を吹き付けます。このアングルはサビにくい鋼材のためサフェーサーは不要です。

製作編
シャーシー加工

穴あけシートの作成
▼
穴あけシート貼り付け
▼
センターポンチ処理
▼
大穴のみシートにカッター入れ
▼
小穴あけ
▼
センターずれ修正
▼
大穴あけ
▼
ヤスリでバリ取り
▼
穴あけシート剥がし

本書に掲載の3台は全てシャーシーを自分で加工します。自作の第一段階としてキット製作がありますが、そこから次のステップに踏み出すのはシャーシー加工です。

ここが最初の難関だと思っている方も多いと思いますが、やり方を知ればそう大変なものでもありません。慣れると加工作業も楽しくなってきます。

加工の基本ですが、丁寧な穴をあけるには1にも2にも位置ズレ修正とヤスリがけが重要です。

工作機械を持たない我々アマチュアがキレイに仕上げるには、ほとんどの穴はヤスリがけで仕上げると思ってください。また、バリ取りは相当時間が掛かりますが必須です。

大きな穴あけは大変なので電動ドリルを使いますが、2〜4mmの小さい穴はハンドドリルの方が精度良くできますので電動ドリルを所有していてもハンドドリルを使います。

穴あけ作業の順番ですが、穴が増えるほど強度が落ちますので、基本的にはビス穴などの小さい穴からあけ、真空管ソケットや電源トランスなどの大きな穴を後にします。

しかし現実的には同じ作業をずっとやると手が痛くなってきたりして体に良くないため、色々な作業を交互にやった方が健康のためには良いです。

また、電動ドリルや金鋸で切るなど騒音の出る作業が多くありますので、他人に迷惑が掛からない時間を優先にし、臨機応変に順番は変えましょう。

サブシャーシーを使用する場合は順序が重要です。メインシャーシーを先に作業し、サブシャーシーは重ねてみて位置ズレを確認・修正してからの方が精度良くできます。

まず穴あけシートを作成します。昔はシャーシーに直接罫書き線を描いていましたが、現在はPC用のCADが発達していますので利用しましょう。アプリケーションは各自慣れたもので結構です。私は実体配線図も描きますのでAdobe Illustratorを使っています。プリンターはできればA3出力ができると楽です。

※注意：プリンター出力からシャーシーへの貼り付け作業は雨天や梅雨時など湿度の高い日は避けてください。

紙は意外と湿度で伸びますので精度が落ちてしまいます。例えば30cmくらいの紙は湿度で2mmも伸びることがあり、穴あけ位置が許容できないほどずれてしまいます。

Tips 2重線

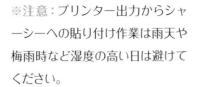

穴を開けると線が消えてサイズや位置が合っているか判りにくくなります。そこで私は穴サイズの0.5mm外側にも線を作図しています。

Beam Single
2A3 Single
Headphone
Paint
Chassis Processing
Other Work
Industrial Tool
Shop list

1 CADなどで作図したものをプリントします。A4など小さい場合はタイリング出力をしてつなぎます。

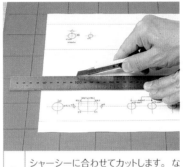

2 シャーシーに合わせてカットします。なお、位置合わせのため面より大きく切り出します。

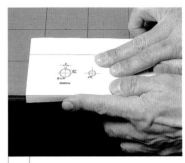

3 貼る時に位置が合わせやすくなるよう、尖ったカドでサイズに合わせて折り目をつけます。

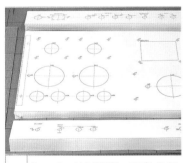

4 シャーシーはカドRがあってズレやすいため、正面、平面、背面は別々にシートを用意し、後で1面ずつに貼り付けます。

5 写真のような保護シートがシャーシーに貼られている場合は、精度向上のため図面貼り付け前にはがします。

6 スプレーのりを吹き付けます。吹き付け後、数秒風を当てて少し乾かしてから貼るようにします。

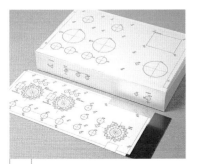

7 ずれないように貼り付けます。以降の全ての精度に関わるため、この作業が一番神経を使うところです。

8 サブシャーシーの不要な部分を金鋸で切り取ります。

9 ヤスリをかけてサイズ微調整とバリ取りをします。

10 角カットはニブリングツールで切ります。少し内側を切り取ってヤスリで仕上げるようにします。

11 パワートランスの角穴は先にカッターで紙を切り、はがしておきます。

12 丸穴はセンターポンチでグリグリします。ハンマーで叩かない方が精度が良くなります。

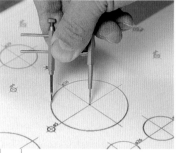

13 大きな穴はサークルカッター（なければ普通のカッター）で切り、下穴を開け、センターずれ修正後に紙をはがします。

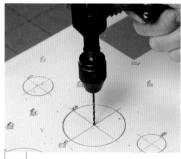

14 全ての穴は 2mm などの小さいドリルで穴が開かない程度に削ります。

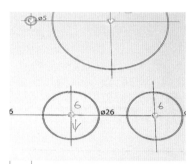

15 この時点で中心からずれているか判りますので、修正する方向を書き込んでおきます。

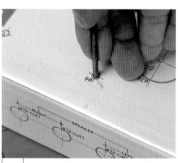

16 目標より小さい穴をドリルで開け、中心からずれた場合はヤスリで修正します。

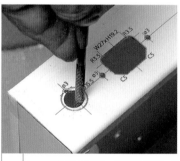

17 ヒューズ部の穴です。穴あけが少しずれたのでヤスリで修正しています。

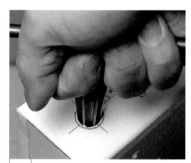

18 修正してセンターが出たらリーマーで予定サイズまで開けていきます。

Tips 手当て

センターポンチ使用時に手のひらが痛くなりますので、私はミルクキャップを当てています。現在は頭が大きなセンターポンチもあります。

Tips ダンボール作業箱

電動ドリルやホールソーで穴あけする時、ダンボール箱ですると切削クズが飛び散らず、工作専用の部屋でなくても作業できます。

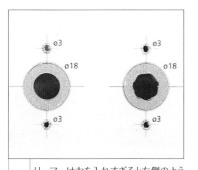

19 リーマーは力を入れすぎると右側のように菊穴になってしまいます。雑に作業しないよう注意してください。

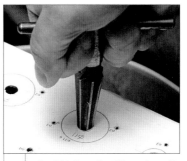

20 アルミ厚1.2mmまではシャーシーパンチであけるよう、下穴をあけ、パンチが通るサイズまでリーマーで広げます。

21 シャーシーパンチで穴をあけ、ヤスリで目的の大きさまで削ります。1.5mm厚程度まで使えますが手が痛くなります。

22 大きい丸穴は下穴を開け、センターずれを修正した後、目標より少し小さいホールソーで開け、ヤスリで仕上げます。

23 パワートランスの角穴は初めに四隅をドリルで開け、ニブリングツールで少し穴を広げます。

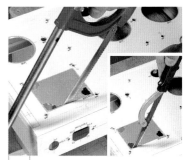

24 金鋸で切ります。ハンドソーでも構いませんが力が入りにくく、歯が折れやすいため、できるだけ金鋸で開けます。

25 ヤスリできれいに整形、バリを取ります。バリ取りは時間が掛かります。気長にやってください。

26 穴あけが終わったらシートをはがし、スプレーのりが残るのでソルベントやシンナーで拭き取ります。

27 シートをはがしたらバリが残っているのが判りますのでヤスリで丁寧に取っていきます。バリを取れば穴あけ終了です。

Tips　ニブリングツールでの大きい穴あけ

ニブリングツールは板を食いちぎっていく工具で大きな穴をあける時に大変便利です。

大きな穴は最終的にヤスリがけで仕上げることを考えると、まずはエッジが凸凹になっても良いので、角穴は元より丸穴もこれ一つであけられます。

電動工具がない場合、最初に買う最有力候補となります。

ほとんどのメーカー発表ではアルミで2mm厚までとされていますが、相手が相当手が痛くなりますので握力をつけたい方以外は1.5mm厚あたりまでが限界と考えた方が良さそうです。

また、実験的に2mm厚のアルミシャーシーを全てニブリングツールであけてみたところ、ストレスで刃が折れてしまいました。

ニブリングツールは周辺にキズが付きやすいので、電源トランスの角穴などはできれば金鋸などと併用した方が良いと思います。

その他の処理

ビニール線・シールド線の処理	➡ P167
文字シール作成	➡ P168

ビニール線・シールド線の処理 ➡ P167

文字シール作成 ➡ P168

　ここではシャーシー加工や塗装以外の作業について説明します。

　まずは自作アンプのメイン作業とも言える配線です。配線の仕方は人によってクセが出ます。私のやり方はたぶん亜流です。

　通常はしっかり絡げる方が接触不良になりませんが、私は後のメンテナンス性を考慮して軽く取り付けてハンダ付けします。部品を外しやすくするためです。どちらでも構いませんが、後でしっかり確認するようにしてください。

　線材の剥き方は慣れが必要です。色々ありますので慣れたやり方で結構です。芯線を最も傷つけないやり方で剥いてください。過去には歯で噛み切ると言う方もおりました。（オススメはしませんが）

熱収縮チューブの収縮

通常、熱収縮チューブを収縮させるにはドライヤーの先端をすぼめたようなヒートガンを使いますが、持っている方は少ないと思いますので、ハンダごてを当ててクルクル回して収縮させます。ライターで炙る方もいるようですが、被覆を溶かしてしまうので避けた方が良いでしょう。

ビニール線の剥き方3種

カッターで転がしながら切れ目を入れて剥きます。カット面が一番キレイになるむき方です。

ニッパーで数カ所切って剥くやり方です。ベテランほど多いやり方です。

ワイヤーストリッパーを使うのが一番手軽ですが、どの穴で切るか案外慣れが必要です。

ビニール線・シールド線の処理

配線材の剥く長さ

ビニール線を剥く長さは人によって異なり、一番個性がでる部分です。

本書では一例として表示しますので、自身のやりやすい長さに変更しても一向に構いません。

長めに剥いて配線箇所にしっかり巻き付ける方がやりやすく、早くできますが、修理などで外す時は面倒です。

私は面倒でも短く剥いてメンテナンスしやすい方にしています。

ただ、ケースバイケースで、電源トランスの端子など、巻き付けないとやりにくい部分は長めに剥いています。

本書では線の長さは剥く部分も含めた長さ（つまりニッパで最初に切る長さ）で表示しています。

少し余裕を持った表示をしていますので、多少狂ってしまっても大丈夫です。

ビニール線の剥く長さ

13cm（本誌では剥く部分も含めた長さで表示）

通常処理（ラグ板の下穴など）：4mm剥く　　からげ処理（パワートランスの端子など）：12mm剥く

シールド線の剥く長さ

15cm（本誌では剥く部分も含めた長さで表示）

シールド網線を切り落とす場合

シールド線処理のしかた

① 外被を16mm剥く

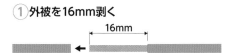

② シールド網線をほぐして拠る

③ 芯線を3mm剥く

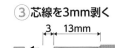

④ 熱収縮チューブφ2mmを12mmに切ってシールド網線に被せて熱収縮させる

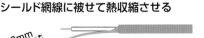

⑤ 熱収縮チューブφ4mmを6mmに切って芯線・シールド網線ともに被せて熱収縮させる

配線材の太さ

ビニール線の太さ表示はほとんどの場合、UL 規格の AWG（American Wire Guage）表示、または JIS 規格の SQ（スクエア→スケアと言う）表示のどちらかが書かれています。

両方とも導体の断面積を表しているので、同じ規格の線材でも被覆の厚みが色々で、見た目の太さでは規格が解りません。高圧用電線は被覆を厚くして絶縁性を高めているため、同じ規格でも相当太くなっている場合があります。

また、テフロンやポリエチレン被覆の線材は絶縁性が良いため被覆を薄くしているケースもあります。

配線材の太さ換算値

American Wire Guage	単線導体径 (mm)	断面積 (日本)
AWG16	φ1.29	1.25sq
AWG18	φ1.02	0.75sq
AWG20	φ0.81	0.5sq
AWG22	φ0.64	0.3sq
AWG24	φ0.51	0.2sq
AWG26	φ0.41	0.12sq

文字シール作成

電源スイッチとボリュームだけのアンプでしたら文字がなくても操作を間違うことはありませんが、入力切換やトーンコントロールなど他のスイッチやボリュームを付けると、ちゃんとした表示が必要になってきます。

また、文字があった方が格段にグレードが上がりますので、ぜひとも文字を表示しましょう。

ちゃんとした製品ですとシルクスクリーンによる印刷が必要ですが、手間もコストも相当掛かるため、こ

こではシールを作って貼ることにします。

シール作りは市販のラベルライターを使います。ラベルライター内臓の機能だけでは文字詰めが苦手ですので、データはPCで作成し、USBケーブルをつなげて出力します。

テープ（シール）は種類が大変豊富ですが、アンプ製作に使えるテープとなるとテープ色が透明で文字色が黒か白あたりがメインになると思います。

透明テープはつやありとつや消しがあり、塗装と同じものを使っています。

文字だけのシールを作る場合、標準の12mm幅でも充分です。本書では一部36mm幅のテープを使っていますがマージンが必要なため実質は30mm程度の印字になります。

幅広タイプのラベルライターは高価になるため、12mm幅で工夫して使うと良いと思います。

実は上位機種ならインスタントレタリングが作成できるため、期待して購入しましたが、試してみたところアルミ素材や塗装面には少しもくっつかず、残念ながら転写できませんでした。

キングジムのテプラプロ・SR750を使用

PCのアプリケーションは文字が扱えるものなら何でも結構です。私は図面データ、実体配線図、文字表示を全てAdobe Illustratorで作成して共用しています。プロ用のソフトで高価ですからオススメはしませんので、使い慣れているアプリケーションをお使いください。

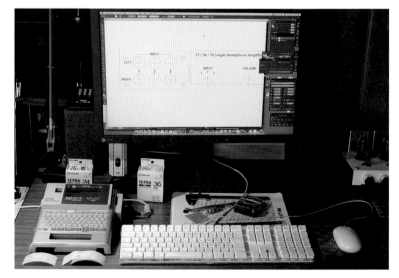

1 文字だけの小さいサイズで作ることが多いですが、大きなシールでまとめて作成した方が格好良い場合もあります。

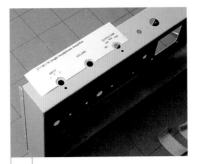

2 サイズや位置が正確かどうか、ツマミで文字が隠れないかなど確認します。

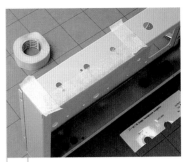

3 大きいシールは位置決めが難しいため、マスキングテープなどでシールを貼る位置の目印を貼ります。

4 気泡が入らないように慎重に作成したシールを貼ります。写真の例ではシールを上部まで折り曲げて貼ります。

5 はがした剥離紙を当ててキズ付けないようにピンセット等でこすって圧着します。気泡が入っていたら押し出します。

6 リアパネルも同様に作業します。まずシールの目的サイズにカットします。

7 ピンジャック部分は少し大きめの穴にしてサークルカッターまたは普通のカッターでカットします。

8 小さいシールはそのまま貼りますが、垂直・水平が狂うとみすぼらしくなるため、慎重に貼ってください。

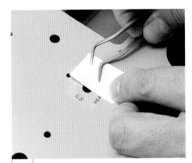

9 やはり剥離紙を当ててこすって圧着します。

Tips 文字と塗装の親和性

シャーシー塗装後に文字シールを貼る場合、表面が平らなほど密着して貼りやすくなります。

そのためあまり凸凹になる塗料（ストーン調など）にすると文字を載せにくくなりますので注意が必要です。

シール素材は基本的にツヤ塗装面にはツヤのあるシールを、ツヤ消し塗装面にはツヤ消しシールを選びます。

シールではなく文字をシルク印刷する場合、ガラス並みにツルツルな面も文字がつぶれやすく難しくなります。そのため、ツヤあり塗装よりツヤ消し塗装（つまり表面が少し荒れている）の方がシルク印刷には向いていますが、シボ塗装（ハンマートーン）まで表面を凸凹にしてもシルク印刷は難しくなります。

インスタントレタリングを使う場合は表面がツヤあり塗装など、なめらかなほど密着して上手くいきます。

Beam Single | 2A3 Single | Headphone | Paint | Chassis Processing | Other Work | Industrial Tool | Shop List

管球アンプに限らず電子工作は膨大な手順の上に完成までこぎつけるのですから、間違いやトラブルはある程度起こるもの、と考えておいた方が良いかもしれません。

そこで上手く動作しなかった時の対処法を本書の3台に的を絞ったチェック法を列記します。

膨大な原因からある程度絞れるよう、本書で採用していない、例えばプッシュプルや固定バイアスなどに起こる原因は省いています。

最初に感電注意

管球アンプは300V以上の高圧部分がありますので、つねにそのことを念頭に置いてください。

これは経験談ですが、高圧部に感電すると、神経が一時的に麻痺するので、すぐに手を離したくても離れず大変危険です。チェック時にできればグローブをするとベストです。

また、もしトラブルがあった場合、すぐに電源を落としますが、少し待って+B側の高圧ケミコンを放電させ、テスターで感電しない10V以下になったことを確認してからチェックを初めてください。

電源が入らない

ヒーターチェックの時に電源が入らないのであれば単純ミスを疑い、確認してみます。
①ACコードが挿さっていいない。
② ありがちですが、コンセントタップを使っていると途中が外れて

いるか、タップのスイッチがオフになっている。
③ヒューズの入れ忘れ、または切れている。
④ヒーター（フィラメント）回路がどこか断線やショートしてないか、配線ミスがないか確認します。

完成後に動作しない場合は、ヒーターチェック時に電源トランスの1次側とヒーター回路は正常と見なせるので、①②③の再チェックの他、2次側のB電圧（高圧）回路がどこか断線してないか確認します。

ヒューズが切れる

配線不良や間違いでどこかショートしていますので、交換後すぐに電源を入れず配線を見直します。真空管が温まってから切れるようでしたら、+Bの高圧回路に異常があります。

電源トランスがうなる

電源トランスにより少しはうなることがありますが、うなりが大きい場合はヒューズが切れないまでも過電流が流れており、2次側（+Bの高圧回路）かヒーター回路がショートしている可能性があります。

1次側が原因の場合はヒューズが即断しますので2次側を重点的に調べます。

小さくうなる場合はナットの締め付けで収まる場合もあります。

煙が上がってきた

配線ミスによりヒューズが切れ

ないまでも過電流が流れています。

抵抗値やワット数の間違いの可能性もあります。カラーコードの読み間違いがないか再確認してください。どこかハンダが垂れているなどでショートしていないかも確認してください。

所定の電圧が出ない

完成して電圧チェック時に所定の電圧が出ない場合は下記を確認してください。
①配線間違いの他、ハンダ付け不良を疑います。
②抵抗の数値が間違っていないか、カラーコードの読み間違いに注意。
③アース同士がちゃんと接続されているかどうか確認。

ヒーターは点くが音が出ない

①音源がちゃんと入力端子にケーブル接続されているか。
②ボリュームが最小になっていないか。
③音源の方でもボリュームコントロールできる場合、最小になっていないか。
④入力セレクターがある場合、入力端子と合っているか。
⑤シールド線の配線が間違ってないか。とくにアース側。
⑥片チャンネルしか音がでない場合、真空管を左右入れ替えてみます。それで出ない方が左右変わる場合は真空管の不良、そうでない場合は配線に問題があります。

ボソボソノイズが出る

　原因を上げだしたらキリがありませんが、下記が多いケースです。

①ハンダ付け不良→直す

②ソケットの接触不良→交換するか接点を少し動かしてきつくする

③寄生振動している→真空管の第1グリッドにつながる線の途中（ソケットの間近）に1kΩ・1/2W程度の抵抗を入れてみる。

④コンデンサー不良→交換

⑤真空管内部の絶縁不良→真空管を買い直し、交換。

ギャーと大きな音が出る

　NFB（負帰還）がPFB（正帰還）になって発振しています。通常は出力トランスの2次側を逆に配線しなおすのが良いとされていますが、実際にはインピーダンス選択に困る場合がありますので、1次側のPとBを逆に配線すると良いでしょう。

　NFB量が少ないなど、安定度の高いアンプではPFBになっていても発振しないケースもあります。

　この場合は音が大きくなり、ボリュームを上げていくと何となく早く音が歪んできます。

部品が相当熱くなる

　主に熱くなるのは真空管、電源トランス、抵抗の三つです。真空管は100〜200℃と熱くなるのが普通ですので、大電流が流れるOTLアンプなどでなければまず心配ありません。

　電源トランスも定格いっぱいで使うと相当熱くなります。もし触れないほど熱くなる場合は問題ですが、熱くても触れる程度ならば大丈夫です。

　抵抗はデカップリング回路と呼ばれる+B高圧部分の一部は触れないほど熱くなりますが、それが正常です。但し放熱孔を塞がないよう通風には気をつけてください。

　また、コンデンサー類は熱に弱いので抵抗とくっつけてはいけません。なるべく離してください。

左右で音量が違う

　明らかに大きく違う場合は信号回路に間違いがあります。抵抗値やコンデンサー値を確認してください。

　真空管のエミッションが左右で違う場合、少し音量差が出る場合があります。

　本書の3台はバランスボリュームを付けておらず、ボリュームも左右共通の2連バリオームを使っていますので、もし気になるようでしたら真空管を左右挿し替えて組み合わせを変えてください。

　ペアチューブを買っている限り、音量差はまず出ませんが、気になる場合は真空管を買い直します。

部品の不良について

　以上のトラブルは部品に新品を使った場合を想定しています。中古品やビンテージ品を使った場合は部品そのものが動作不良の原因となることを疑ってみる必要があります。

　配線間違いやハンダ付け不良など、目で見て解るトラブルと違って部品の不良は発見しにくく、解決するまで時間が掛かるケースが多くありますので、根気よくチェックしてください。

　真空管は当たり外れがありますが、高価だったりするので数本予備も買っておくことができないかも知れません。その場合、もし不良だったら改めて買うことになります。

　部品で不良（接触不良）が起きやすいのは可動部分のあるもの、例えばバリオーム、スイッチ、真空管のソケット、入出力端子類などです。これらは固定部品より圧倒的にトラブル率が高く、ノイズが出る、音が小さい、出ない、などの原因になります。

　固定部品は新品を使う限り、トラブル率は低いですが、ビンテージ品、とくに昔のコンデンサーは漏れ電流が大きい場合があります。

　その場合、周辺の電圧が規定より高くなったり低くなったりします。

　古くてもフィルム系やセラミックのコンデンサーはまず大丈夫、ケミコンやオイルコンは事前チェックが必要、ペーパーコンは使用を避けた方が良い、というレベルです。

工具

　これから紹介する工具は全て私が普段使っているものですので使用感いっぱいです。

　工具はあるに越したことはありませんが、全て揃えると結構な金額と収納スペースが必要ですので、いっぺんに揃えなくても徐々に買い揃えていっても良いかと思います。

　アンプを作る時に予算に1〜2割工具代を上乗せして、毎回増やしていくと良いでしょう。

　まず一番必要で重要なのはハンドドリルとヤスリです。シャーシーに穴あけをする時、どんな穴でも最初はハンドドリルであけ、途中はニブリングツール、シャーシーパンチ、金のこ、ホールソーなどを使い、最後はバリ取りでヤスリを使います。

　最初のハンドドリルでの穴あけ作業が精度を左右し、最後のヤスリがけが仕上がりの良さを左右します。

　長年自作をしているとここに掲載の数倍もの工具が溜まっていますが、管球アンプの製作に必要なもの、あると便利なものだけを載せています。

ハンドドリル

穴あけの基本はハンドドリルです。精度良く穴をあけるにはハンドドリルで小さい穴からあける必要があるため、電動ドリルがあってもハンドドリルを使います。

それほど高価なものではありませんが、ディスカウントショップで売っているようなプラスチック製のものは避けてください。力が入らなかったりブレが大きくて使いにくかったりします。

電動ドリル

数多くの穴あけや大きな穴あけにはやはり電動ドリルが効率的です。

こちらも高価な機種でなくても大丈夫です。シャーシー加工でインパクト機能は使いません。

現在はコードレスのドリルドライバーも数多く発売されていて取り回しが良いですが、途中で電池切れになると充電時間の数時間は作業がストップしますので、それだけ納得の上選んでください。

ドリル刃 (ビット)

まずは標準のドリル刃セットを買うと良いでしょう。センターポンチは必須ですが、セットで買うとだいたい付属しています。

3mmのビス穴をあける場合、同じ3mmのドリルで開けたらキツく、塗装したらビスが入らなくなりますから、通常は3.2mmのドリル刃を使います。

標準ドリル刃(ビット)セット。
長さがまちまちなのは長年使っていて折れたため違うメーカーのものを補充したため。

必須工具のハンドドリル。
数十年使っていたハンドドリルが壊れてしまったため、最近買い直した。

あれば便利な電動ドリル。通常のドリル刃での穴あけはコードレスだと便利だがホールソーを使う時は通常のACタイプが良い。

もっとも穴あけが終わってバリ取りでヤスリを掛けると穴も少し広がりますので、神経質に考える必要はありません。さらにリーマーで穴サイズ調整もできます。

特殊なドリル刃でステップドリルと言うものもあり、1本でさまざまな大きさの穴が開けられて便利です。

但しスピードと力が必要なので電動ドリルでの使用に限ります。また、ボール盤でなければ目標のサイズで止めることが難しく、ぎりぎりまでは削ることができません。

皿取錐ドリル刃は穴あけ後、そのまま皿ビス用の面取りができると言うものです。こちらは電動ドリルで使うと速すぎて削り過ぎてしまうため、ハンドドリルの方がお勧めです。

面取りカッタードリル刃もハンドドリルで皿ビス用の座ぐりをします。

ヤスリ

ヤスリのサイズは多いほど仕上がりが良くなります。

ヤスリと言うと削ってサイズを調整するイメージが強いと思いますが、それはそれで正解です。しかし一番多い用途はバリを取る作業です。

どんな工具でどんな穴をあけてもバリは残りますから、最終的にどんな穴もヤスリでバリを取り、仕上げるのが基本だからです。

削る作業には中目のヤスリが必要です。細目だけではすぐに詰まって効率が良くありません。

バリ取りの作業は削り過ぎないように細目のヤスリがメインです。

ヤスリの中でも使い出があるのは半月(半丸)型です。これで直線部分も曲線部分も仕上げられます。

半月型はRの大きさに合わせてサイズを複数揃えるようにしてください。

このような理由でヤスリは本数が必要になります。小さいものはセット売りのものでOKですが、大きいものは必要に応じて単品購入してください。

下記写真の一番大きなヤスリは長さ250mm、幅25mm、厚み7mmの半月型で、このサイズだとRが15mmになり、UXソケットなどφ30mm以上の穴で使えます。

大きいものはヤスリ本体と柄の部分が別売りの場合も多いので、確認して購入してください。

別売りのものは柄を本体にハンマーで打ち込みます。

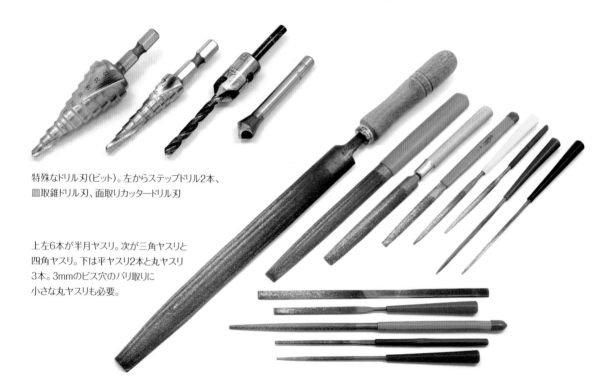

特殊なドリル刃(ビット)。左からステップドリル2本、皿取錐ドリル刃、面取りカッタードリル刃

上左6本が半月ヤスリ。次が三角ヤスリと四角ヤスリ。下は平ヤスリ2本と丸ヤスリ3本。3mmのビス穴のバリ取りに小さな丸ヤスリも必要。

リーマー

穴をあけると言うより広げる工具です。バリは派手に出ますが慣れると一番キレイな真円の穴になるため、使用頻度が高い工具です。穴サイズも微調整しやすく、アルミ板の厚みがかなりあっても楽に削れるなど、リーマーならではの利点がありますので、私はMT管のソケットサイズまではほとんどリーマーを使用しています。

但し慣れないと（力を入れ過ぎると）菊型の穴になってしまいますので、注意が必要です。

ニブリングツール

ニブリングツールは約2mmずつ板を食いちぎって穴をあける工具で、自在な形をあけられるため、やはり便利で使用頻度が高い工具です。

刃先にガイドが付いているホーザン製のハンドニブラは刃が戻りやすくて良いのですが、周りにキズが付きますので、穴サイズギリギリまではカットできません。それもあって一時期、海外製のガイドなしのものを使ってみましたが、耐久性に難があり、すぐに壊れてしまったため、結局ホーザン製のハンドニブラに戻りました。

ニブリングツールを使う場合は10mmの下穴をあける必要があります。

鉄のこ・ハンドソー

鉄ノコとハンドソーは必須では

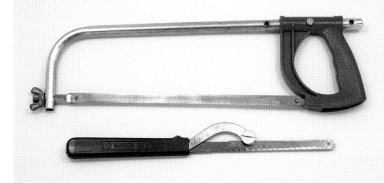

ありませんが、パワートランスの角穴などをあける時にあった方が良い工具です。

どちらも下穴をあけるのが面倒ですが、厚みのあるアルミ板でも楽に切れるため、角穴をあける場合、結局は鉄ノコが一番手っ取り早いです。

鉄ノコは下穴をあけ、刃を通して

からセットする必要があるため面倒ですが、力が入りやすく切るのは早いです。

但し場所によっては刃が届かず切れない場合があります。ハンドソーは力を入れにくく刃が折れやすいですが、下穴の数が少なく済み、どの位置でも切れる利点があります。

Beam Single

2A3 Single

Headphone

Paint

Chassis Processing

Other Work

Industrial Tool

Shop List

シャーシー加工の工具

色々なサイズのホールソー。一番右上のものはコードレスドリル用の刃が少ないもの。

ドリルに細い部分があって
先に小さい穴があけられる
精度に気を使って
いるunikaの製品

センタードリルが終わっていて
わずかだが何もない部分がある

ホールソー

あると便利な工具にホールソーがあります。大きな丸穴をあけるのはホールソーの独壇場で、一番早くあけることができます。

但し良いものは高価で数が必要、ハンドドリルでの使用は無理で電動ドリルやボール盤のみで使用可能です。

余程使用回数が多くないと元が取れませんので、何台もアンプを作るカクゴを決めてから購入に踏み切ってください。

1個あたり数千円しますので、アンプ1台作るごとに必要なホールソーを一つずつ買い揃えていくと良いでしょう。

ホールソーの良し悪しは外刃よりもセンタードリル部で決まります。

穴あけ中に外刃に到達する前にセンタードリルが終わっているものでないと電動ドリルには向きません。

安物はセンタードリルが単純に普通のドリル刃と同じ構造になっていて、外刃に到達してもドリル部が終わってないため、センター穴が削れてブレが大きくなります。

これはかなり重要で譲れないスペックです。

ボール盤で使う場合は固定されているため、それでも大丈夫です。

直径の大きなホールソーは電動ドリルのトルクがかなり必要なため、コードレスドリルはプロ用のハイパワーな機種でないと厳しいです。

そのため、トルクの小さなコードレス用として外刃の数を減らしたものも発売されています。もっとも通常のホールソーでも力を加減して普通に使えることは使えます。

ほとんどのホールソーはセンタードリルにスプリングが付いています。

これは穴あけ後、抜いたアルミ板などの素材が刃の中に入り込んで抜けなくなるのを防ぐ目的ですが、このスプリングがあるせいで、作業中に押す力が必要になります。

薄いアルミ板の場合はスプリングを外しても大丈夫です。

20mm以下のサイズはリーマーやステップドリルでも穴あけできるため、事実上必要ありません。

使用中は電動ドリルのモーターにかなり負荷が掛かって熱くなるため、いっぺんに穴あけせず、モーターの焼き付き防止のため、冷ましながら休み休み作業をする必要があります。

ホールソーでの穴あけ作業は作業全体の中でも騒音が町工場並みに最大ですので配慮が必要です。

ホールソーも切削面は荒くバリも出ますので、目標サイズギリギリの刃は使わず、少し小さめに穴あけし、ヤスリで仕上げます。

万力

小さいパーツを挟んだり固定したり、小さいアルミ板を折り曲げる時など、何かとあると便利なのが万力です。

とくにプリント基板や小さなサイズのアルミ板を固定しての穴あけ作業では大変重宝します。

また、トランスカバーなどの手持ち塗装後、乾燥のため木の棒を一時的に固定したり、バリオームやロータリースイッチの長すぎるシャフトを鉄ノコで切る時も使います。

私の場合使用頻度が高いのであえて紹介していますが、これは買ったものではなく、若かりし頃、工業高校に行っていた友人にもらったものです。(私は普通科で万力は作っていませんので・・・)

小型のもので結構ですので、予算に余裕があれば揃えてください。正直こんなに長年使うとは思ってもいませんでした。

シャーシーパンチ

たいていのアンプビルダーが揃えていると思われるシャーシーパンチですが、私はそれほど使用頻度が高くありません。

理由は穴あけ後半に大変な力がいることと、切り始め部分が少し盛り上がるため、仕上がりが気になるためです。

また、決まったサイズしかないこともありますが、ゆくゆくホールソーを揃えるのであれば使わなくなりますので、あれば便利程度に考えてください。

コスト掛からない、騒音を出さない、バリ取りがいらないほど切削面がキレイなど利点もありますので、今後何台もアンプを作らない、と言うのであれば候補に上げても良いでしょう。

但しアルミ板1mm厚程度なら楽ですが、1.5mm厚になるとかなり力が入ります。2mmは不可能と思った方が良いでしょう。

使用時は大きな力がいるので、不要なドライバーなどもっと長い棒をハンドルにするか、大きめのペンチ等で挟んで廻した方が良いでしょう。

ドライバーにあえて不要と付けるのは、ドライバー程度の太さでは棒が曲がってしまうからです。

このような理由から油圧式のシャーシーパンチも発売されています。

このように組み合わせて使用する。

もらい物の万力。
使用頻度は高い。

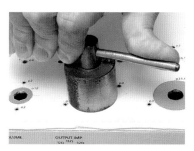

シャーシーパンチセット。力を入れるのでハンドルが少し曲がっている。

組立ての工具

シャーシー加工が終わってパーツを組み付ける際に使う工具は、割と家庭にある一般的なものがほとんどです。もし無ければ買い足せば良いでしょう。

ここにある工具は高価なものはありませんが、そうそう壊れることもありません。最初から高価な工具を揃えるのもきついですから、もし使い勝手が悪かったり壊れたら買い直すと言うスタンスで良いでしょう。

工具はセットよりバラが良い

セットの工具を買えば一辺に揃って良いのは確かですが、同じシリーズで同じデザインなので工具箱の覗いた時、目的のサイズのものがすぐに解らないと言う欠点があります。

下記工具の例ですとドライバーは柄の色やデザインがバラバラなのですぐにサイズが解りますが、ナット回しのM5用とM4用は同じ色・デザインで、しかもサイズ表示

が消え掛かっていますので解りにくくなっています。

また、必要になった時に1本ずつバラで買う工具は高級品が多く、必然的に良い工具が揃ってきます。

サイズが解りにくい場合、私は片方に輪ゴムをはめて使っています。テープ類はいずれベタついてくるので避けた方が良いでしょう。

プラスドライバー

プラスドライバーはNo.1 (M2.0～M2.6ビス用) とNo.2 (M3.0～M5.0ビス用) の2本がメインで、大抵は事足ります。

マイナスドライバー

マイナスドライバーはそれほど使いませんが、調整時に廻す半固定バリオームやマイナスネジ使用の古いトランスなどを使う場合は必要になります。4.5X75mmと5.5X75mmの2本があれば良いでしょう。

アンプ自作でこれより大きいド

ライバーが必要になることはまずありませんが、ツマミの固定でさらに小さいドライバーが必要な場合があります。

その場合は手に入りやすい精密ドライバーセットなどで良いでしょう。

ナット回し(ソケットドライバー)

ナットを廻す、または固定する時に一番使い勝手が良く、使用頻度が高いのがナット回しです。

シャーシーと言う弁当箱形状の内側で使うため、他のスパナ類より廻しやすいため優先順位が高く、買っておいた方が良いでしょう。

上からプラスドライバー No.2、
プラスドライバー No.1、
マイナスドライバー 5.5X75mm、
マイナスドライバー 4.5X75mm。

さらに小さいドライバー 4 本。シルバーのものは精密ドライバーセットのもの、他の 3 本は電気製品に付属していたもので自分で買っていない。白いものは PIONEER のロゴが入っている。

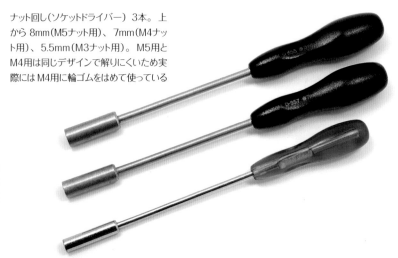

ナット回し(ソケットドライバー) 3本。上から 8mm(M5ナット用)、7mm(M4ナット用)、5.5mm(M3ナット用)。M5用とM4用は同じデザインで解りにくいため実際には M4用に輪ゴムをはめて使っている

スパナ（レンチ）

バリオームやロータリースイッチ、ヒューズホルダーなど、外装パーツを取り付ける時にスパナ（レンチ）は必要です。

これらも家庭にあるもので結構です。最初は安価なセットでも良いです。

できる限り切れ目のないメガネレンチの方を使った方がナットを傷めずに良いのですが、場所によっては使えない場合もあるので、その部分は通常のスパナを使います。

片側がメガネレンチ、もう片側がスパナになったコンビネーションレンチが使いやすいです。

通常入手しやすいものは日曜大工や自動車整備用の大きいものがほとんどですが、電子工作では写真のようなミニスパナがあればM3やM4のナットに使えて便利です。

ボックスレンチ

バリオームやロータリースイッチの取り付けレイアウトは狭い場合が多いので、その固定にはスパナよりボックスレンチの方が使いやすいです。

ボックスレンチならいちいち少し廻して外し、の繰り返しから解放されて作業効率が上がります。

そのためこちらも他のスパナ類より優先順位が高い工具です。

六角レンチ

バリオームやロータリースイッチにツマミを取り付ける時に必要です。

簡単な構造の工具なので、電気製品や家具の調整に付属している場合が多く、買わなくても済む場合もありますが、ツマミに使う六角ビスはかなり小さいものなので、結局は買う必要が出るかも知れません。

コンビネーションレンチとメガネレンチなど。セットで足りないサイズは単品購入しているためメーカーやデザインが違う

HOZAN製のボックスレンチ3個。便利で使用頻度が高い。左から12-14、10-11、8-9サイズ。バリオームとロータリースイッチは11と12がほとんど。

六角レンチセット。製品の付属工具と入手することも多いため、買わないケースも多い。

あると便利なミニスパナセット。

Beam Single

2A3 Single

Headphone

Paint

Chassis Processing

Other Work

Industrial Tool

Shop List

ハンダ付けは自作の代名詞的作業ですのでご存知の方も多いと思います。キット製品でも必須作業ですので、初めての方は何度かラグ板に線材をハンダ付けして練習することをおすすめします。

電子工作のハンダゴテはステンドグラス工作などのものより小型で、さらにプリント基板メインか、ラグ板などに線材での配線がメインかで熱量が変わってきます。

以前はスズ60%+鉛40%のハンダが良質とされ、そのハンダが溶ければハンダゴテもそれで良しとされていましたが、現在は環境問題から鉛フリーハンダ、さらには銀入りの高級なものなど、ハンダの融点が上がり、ハンダゴテに対する要求も変わってきました。

私はほとんどの電子工作に白光のNo.980を使っています。通常20Wですが熱量が欲しい時にスイッチを押すと130Wになると言うものでベストセラー製品です。大抵のハンダ付けはこれでOKですが、連続30秒までしか130Wのまま使用できません。

そのため真空管アンプの場合、トランスやスピーカー端子などを連続でハンダ付けしていると最近の融点の高いハンダでは熱量が足りなくなってくるため、goodのKS-60R（55W）もメインで使っています。

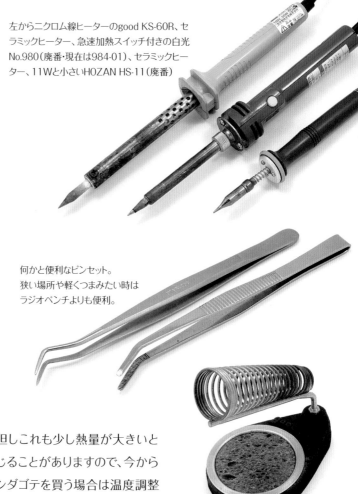

左からニクロム線ヒーターのgood KS-60R、セラミックヒーター、急速加熱スイッチ付きの白光No.980（廃番・現在は984-01）、セラミックヒーター、11Wと小さいHOZAN HS-11（廃番）

何かと便利なピンセット。狭い場所や軽くつまみたい時はラジオペンチよりも便利。

ハンダゴテ台。スポンジ部分に水を含ませてコテ先を拭きながら使います。

但しこれも少し熱量が大きいと感じることがありますので、今からハンダゴテを買う場合は温度調整式や安価でもセラミックヒーターの40W前後のものが良いでしょう。

ハンダゴテは大は小を兼ねません。熱量が大きすぎるとビニール線の被覆やスイッチの樹脂部分を溶かしてしまったり、小さすぎるとハンダがなかなか溶けず、作業効率が悪いばかりかイモハンダなどの不良になってしまいます。

小さなHOZANのHS-11はIC用で真空管アンプの製作では使いません。

ハンダゴテ台はあった方が良いでしょう。私も自作を始めた小学生の頃はそうそう千円台のモノを買えなかったので余った父の灰皿を使っていましたが、ハンダゴテが落ちると危ないので早めに揃えてください。

ピンセットも何かとあった方が便利です。先の尖ったものはシャーシー内にビス等の落し物を拾う時に便利ですが、線材やパーツをつまんだりするには先が平たく滑り止めの付いたものが便利です。

ヒートクリップ2個。リード線に伝わる熱を吸収する目的だが他にも色々重宝する

ハンダ吸い取り器3本とハンダ吸い取り線

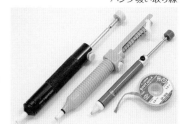

上段左から古くからあるタムラ製スズ60%+鉛40%のハンダ、銅が0.7%入っているホーザン製無鉛ハンダ、千住金属の無鉛ハンダ、下段はオーディオ用で和光テクニカルの銀入り無鉛ハンダ、good製スズ60%+鉛40%のハンダ

ハンダは色々な太さや量のものが売られていますが、真空管アンプの場合はφ1mmかφ1.2mmくらいの太さのものが使いやすいです。私はいつも写真のようなロールのものを購入していますが、アンプ1台のみであれば20g前後のもので間に合います。

まれにヤニ（フラックス）が入っていないものも売っていますが、必ずヤニ入りのハンダを使います。

昔からあるスズ60%+鉛40%のハンダは現在も販売されていますが電気メーカーなどは環境問題から無鉛（鉛フリー）ハンダを使用しています。

無鉛ハンダは融点が約40度ほど高く、とくに熱に弱いパーツはハンダ付けが難しくなっています。

ICなどチップを多く使う基板では神経を使いますが、真空管アンプではパーツ自体が大きいため、耐熱性には恵まれているケースが多いですので、これからは無鉛ハンダに慣れておいた方が良いと思います。

熱に弱い電解コンデンサー（ケミコン）などはリードの途中にヒートクリップを挟んでハンダ付けすると熱による破損を防ぐことができます。

一度付けたハンダを取りたい場

合、ハンダ吸い取り器を使います。少量なら安価なハンダ吸い取り線でもOKです。こちらは基板のパターンが細くて熱で剥がれやすい時に重宝します。

高価なものでなくても良いですが、ラジオペンチ、ニッパー、ペンチ、プライヤーなどは必須工具です。ローレットナットなどはプライヤーで締めます。

ビニール線を剥く時、カッターやニッパーを使う方も多いですが、ポリエチレン被覆やテフロン被覆の線材を剥く時はワイヤーストリッパーがあった方が便利です。

上からプライヤー、ペンチ、ニッパー、ラジオペンチ。全て我が家に昔からあったものなので、自分で買っていない。プライヤーは元々車載工具でNISSANのマークが付いている

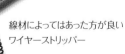

線材によってはあった方が良いワイヤーストリッパー

測定道具は通常シャーシー加工時に必要になるものですが、本書ではシャーシーに穴あけシートを貼り付けて加工しますので、シャーシー加工時よりもパーツ実測時にメインで使用します。

ノギス

一番必要なものは定規、と言いたいところですが、実際にはノギスが1番使用頻度が高いです。

ソケットの直径を計ったりトランスの横幅を計ったりするのも全てノギスが便利です。

昔からあるステンレスオンリーの標準ノギスは精度が良く電池も不要で長年使うことができますが、年齢とともに細かい目盛りを見るのがキツくなってきますので、これから買うならデジタルノギスの方が良いでしょう。

日本では中学の技術家庭科でノギスの使い方を習うことになっていますが、授業で省略されることもあり、馴染みがない方も多いと聞きます。現在はデジタルで使い方は簡単です。

定規

PCで図面を描く場合、定規は必須とまでは言いませんが、あった方が便利です。できれば精度の良いJIS1級表示のあるステンレス定規が良く、15cm、30cm、60cmと3本あると便利です。

他素材の定規は精度のいる作業には向きません。ちなみに写真

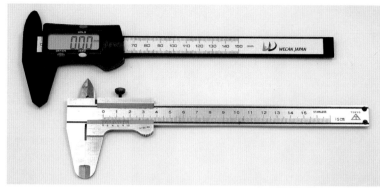

デジタルノギスと標準ノギス。

外径（外寸）は挟んで計ります。

内径（内寸）は広げて計ります。

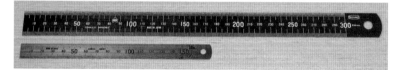

30cmと15cmのステンレス定規。さすがに重ねてみてズレはなかった。

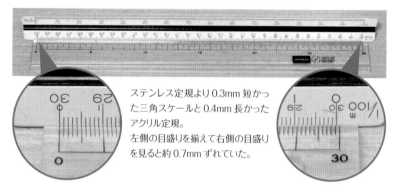

ステンレス定規より0.3mm 短かった三角スケールと0.4mm 長かったアクリル定規。
左側の目盛りを揃えて右側の目盛りを見ると約0.7mm ずれていた。

の三角定規はステンレス定規より0.3mmほど短く、アクリル定規は0.4mmほど長くなっていました。これらは製造時は正確に作られたとしても長年の気温変化で伸び縮みしたと思われます。

この差は大きな物の加工には問題ありませんが、3mmの穴を多く

あけるシャーシー加工では問題になります。

もっとひどいものでは洋裁で使う竹定規やビニール定規では30cmで3mmも狂っているものもありました。こんなに違ったら穴位置がずれてしまいます。

真の実効値対応のDMM

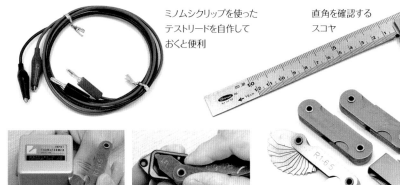

ミノムシクリップを使った
テストリードを自作して
おくと便利

直角を確認する
スコヤ

外側のRを計る時

内側のRを計る時

曲面を計るR定規

テスター (DMM)

本書の3台は無調整でもちゃんと動作するはずですが正常動作を確認したり、トラブルがあった時の原因追求のためにテスターは必要です。

現在はDMM (デジタルマルチメーター) が主流で昔のアナログ時代より精度がだいぶ良くなっていますから、高い機種でなくても十分使えます。

ではどこで線引きをするかですが、直流電圧・交流電圧・抵抗の三つが付いていることが必須で、できれば交流電圧が平均値対応、さらに平均値よりも真の実効値 (True RMS) に対応しているとベストです。

かなり安価なDMMは交流電圧や抵抗レンジが省略されているものがありますので、それは必要なので避けてください。

平均値対応とはコンセントからとる電圧、つまり正弦波のみピーク値に対する実効値 (root mean square = rms) が表示できます。

交流には正弦波、矩形波、三角波など色々な波形がありますが、その波形によってピーク値に対して実効値の比率が違います。

真の実効値に対応したDMMではどんな波形でも実効値が正確に表示できます。これはデジタルテスター独自の機能です。

平均値や真の実効値に対応したテスターで家庭のコンセント電圧を計るとちゃんとAC100V近くが表示されますが、未対応のテスターではまともな電圧は表示されません。これは交流点火のヒーター電圧も正確に表示されていないことになります。

欲しい機能に電流レンジが入っていませんが、思ったより使いません。電流測定は回路の一部を切る必要があるので危険と面倒なためです。電流測定は他の測定器を使うためもありますが、私はテスターの電流レンジは年1回も使っていません。

現在はDMMが主流になったこともあり、直流バランス調整が必要な固定バイアスのPP (プッシュプル) アンプでも、カソードに低抵抗

を入れて電圧を計り、電流に換算する方が多くなっています。

もし交流電流を良く計ることがある場合はクランプ型のDMMをお勧めします。(但し小電流は不正確)

DMMは高価な機種ほど機能が増えてきますので、自分で必要だと思う機能があるものを選んでください。

アンプが完成して各部の電圧を計る時、テスター棒を当てながら表示を読み取るのは案外やりにくく、高圧部分は危険でもあるので、ミノムシクリップとバナナプラグを使ったテストリードを自作しておくと測定が楽です。

スコヤとR定規

あった方が良い計測器具としてスコヤとR定規があります。

スコヤはアルミ板を折り曲げた時やカットした時に直角を見たり、エッジからの寸法を計る時に便利です。

R定規は作図前にパーツのRを計る時に使います。両方とも必須ではありませんが、スコヤは使用頻度が高いでしょう。

アンプの動作状態、つまり正常動作しているかを調べるだけならテスターだけで大丈夫です。

しかし色々な特性を調べるには多くの測定器が必要です。そのため測定は工具を揃える以上に費用が掛かりますので、アンプを1～2台のために測定機材を買い揃えるのはナンセンスです。また、案外設置スペースも必要になってきます。

アンプを数台作り、この先もアンプを作るとカクゴが決まったら徐々に買い揃えるようにすると良いでしょう。

測定方法は本書の趣旨から外れますので説明を省きますが、測定機材の紹介のみいたします。

順序としてテスターの次に揃えるとしたら電子電圧計とダミーロードです。これで残留雑音が計測でき、次に発振器（ファンクションジェネレーター）を用意すれば入出力と周波数特性が計測できます。

写真にはありませんが、現在ではPCにWaveSpectraなどのソフトウェアをインストールすればローコストで楽に測定ができるようになりました。但しこちらもサウンドボードや入出力周りの性能で精度が変わります。

またPC測定での一番の問題はOSのバージョンやハードウェアの仕様、ソフトウェアのバージョン、入出力インターフェースのどれかが変わると、連鎖的に他も変える必要が出て来ますので、同一環境での寿命は案外短いかも知れません。

製作デスクで簡易測定中。アンプ製作に関係ない測定器も多くある。モニターには回路図を表示中。測定機材も増えてくると年季の入ったものが多くなり、故障などでよく変更する。写真は2018年現在のもの。
- ●テスター：KENWOOD DL-2051
- ●テスター：FLUKE 117
- ●ファンクションジェネレーター：WAVE FACTORY 1941
- ●電子電圧計：National VP-9631A
- ●定電圧電源：菊水 PAB350-0.1A（真空管回路のB電圧テスト用）
- ●定電圧電源：菊水 PMC18-5A（カー用品のテスト用）
- ●定電圧電源：KENWOOD PA18-3（真空管回路のヒーターテスト用）
- ●定電圧電源：自作 18V-1.5A（LEDのテスト用）
- ● FM/AM シグナルジェネレーター：National VP-8177A（ラジオの修理用）
- ●ダミーロード：自作 8Ω/100W×2ch用
- ○写真に写っている他の機器はインターネット関連機器。FTTHのONU、NAS、無線LAN（Wi-Fi）ルーター、スイッチングハブ、など。
- ○写真に写っていない他の測定器は、テスター：METEX M-3870D、テスター：SANWA PM3、テスター：MT MT-4B、放射温度計：AND AD5611、LCRメーター：DEREE DE-5000、簡易半導体チェッカー：LCR-T4、真空管試験器：SANWA SGM-17、真空管試験器：EICO-625 など。

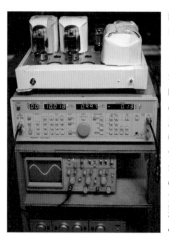

Panasonicのオーディオアナライザー・VP-7723Aでビーム管挿し替えアンプの周波数特性を測定中。約10kHz（10.018kHz）、約1V（0.997V）出力で1kHzに対して-0.13dB減衰していると表示されている。オシロスコープはKENWOODのCS-4135で波形も同時に確認中。VP-7723Aは片chしか測定できないため、両ch同時測定の時は多機能のVP-7722Aを使用している。しかしそちらは10Hz未満の測定はできず、いざと言う時のOSCオフスイッチが無いため、通常は使いやすいVP-7723Aを使用している。
オーディオアナライザーは便利だが上が110kHzまでの正弦波しか出力できないため、NFBの掛かったアンプの安定度を見るため、結局は1MHzあたりまでの矩形波出力もできる広帯域のファンクションジェネレーターと電子電圧計も必要。

COLUMN　ダミーロード

アンプを測定する時、スピーカーをつなげば自分の使用環境で測定できて良いのですが、測定中にずっと爆音が出ては困るので通常はスピーカーのインピーダンスと同じ数値の抵抗をつなげます。この抵抗をダミーロードと言います。

厳密にはスピーカーは周波数によってインピーダンスが変わるので、ダミーロードと異なった測定結果になります。

ダミーロードは使用環境と違いますが、インピーダンスが一定で他機種との比較が容易ですので一般的にはダミーロードをつなげてアンプの測定をします。

ここで言うアンプの測定とは入力端子に信号を入れて特性を測定することで、単に各部の電圧を計るだけでしたらダミーロードは必要ありません。（安全のために念を入れてつなげた方が良いですが）

ダミーロードをつなげずに信号を入力すると出力トランスが負荷になってしまい、発熱、うなり、最悪の場合は断線してしまいます。

ほとんどの測定器は買えますが、どんな測定にも使うダミーロードは自作するしかありません。アマチュア無線用の50Ωなど高周波用のものはコネクター付きで売っていますが、低周波用のものはありません。

これはただの抵抗なので商品化する必要がないと判断されているようです。

しかし実際にはスピーカーと同じ4Ω、8Ω、16Ω等のピッタリの抵抗値の抵抗はリード線タイプのものはなく、さらにワット数の大きいものはメタルクラッド抵抗かホーロー抵抗しかないため、そのままアンプのスピーカー端子につなげられず、リード線をハンダ付けしたり、

抵抗を直列・並列にして目的の数値にして自作します。

抵抗のワット数はアンプの出力以上にすればOKですが、長時間連続測定時に熱くなるので、余裕を持ったワット数にした方が良いでしょう。

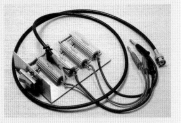

自作のダミーロード。放熱のためアルミ板を折り曲げて載せている。4Ω 50Wのメタルクラッド抵抗を直列にして8Ω 100W × 2chとしている。アンプのスピーカー端子にはバナナプラグでワンタッチ接続。スイッチはダンピングファクター測定用にダミーロードをON/OFFするためのもの。出力は多くの測定器に合わせてBNCコネクター。

自作のヘッドホンアンプ用ダミーロード。スイッチは16Ω /32Ω切り替えとL/R切り替え。ヘッドホンアンプの出力ならダミーロードは5W程度の抵抗でOK。

測定用ケーブル類も用途に合わせて自作しているうちに、こんなに増えてしまった。自分で作るアンプは入出力端子を統一しているが、メーカー品など他の測定時にアダプターを多数用意した。

ダミーロードと測定器のつなぎ方

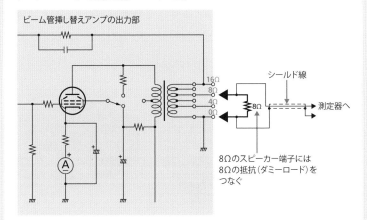

ビーム管挿し替えアンプの出力部

16Ω
8Ω
4Ω
0Ω

シールド線

8Ω

測定器へ

8Ωのスピーカー端子には8Ωの抵抗（ダミーロード）をつなぐ

Beam Single
2A3 Single
Headphone
Paint
Chassis Processing
Other Work
Industrial Tool
Shop List

パーツ調達

キットであれば工具以外の必要なパーツは全てセットになっていますので、買い物の手間はありませんが、完全自作の場合は抵抗などの小さなパーツから一つずつ買い揃える必要があり、買い物だけでも相当な時間が掛かります。

しかし買い物も自作の楽しみのウチと考えれば、その楽しみは倍増します。細かいパーツまで自分で選べるワケですから、こだわりのオリジナルアンプが手に入ります。

パーツは店舗に行って実物を見て購入するのが確実ですが、1店舗だけで全て揃うことはまずありませんので、秋葉原や大須、日本橋に通える方は数店舗ハシゴするのが普通です。

それでも揃わないパーツもありますから、現代の買い方として通販やフリマ、オークションなども利用すると良いでしょう。

とくにトランスなどの重量パーツ、シャーシーなどの大きいパーツは積極的に通販を利用した方が効率的です。もし店舗で重量物や特大物を買っても送料をプラスして発送をお願いしたり、もしくは買い物の順序を最後にしたりしてカラダへの負担を考慮してください。

←真空管は最初のキッカケになるものですから、どの方法で買うのもありです。発見した方法でしか手に入らない品番もあります。但しフリマやオークションでは不良品をつかまされる率も高く、さらに通販も含めて輸送トラブルも一番多い商品です。

↑全て国産の3極管。ナス管C-202A、ST管12A、GT管6GA4、MT管6RA8。

↑トランスとシャーシーは通販向きの買い物です。但し送料も高くなるので少しでも節約したい場合は重量をカクゴして買いに行きましょう。

電子パーツを調達する方法は次のような方法があります。

秋葉原・大須・日本橋の店舗

昭和の時代から見ればパーツ店はだいぶ減りましたが、それでも秋葉原なら一通り廻れば管球アンプ製作で使えるパーツは全て揃います。

買い方のコツとして持ち歩くのがキツくなるトランスやシャーシーの販売店は最後に廻りたいところですが、そのような店舗に限って閉店時間の早いところが多く、実際にはトランス・シャーシーの販売店の営業時間に合わせて廻る必要があります。

また、ジャンク屋さんで掘り出し物を探すのも楽しみのウチですから、各店舗の営業時間を考えながら時間に余裕を持って訪れるようにしましょう。

なお、1日でアンプ1台分の全てのパーツを買い揃えようとしたら、じっくり選んでいる時間的余裕はないかも知れません。

通信販売

昔は雑誌の広告を見てパーツを決め、電話やファックス、手紙等で注文、送金は郵便為替や現金書留を利用していましたが、現在はネットで画面を見て決め、そのまま注文する方が主流になりました。

電子マネーやカード決済が進んだこともあり、素早く送金できるため、納期も格段に短くなりました。

気になることと言えば送料です。抵抗などの小物を定形郵便などで低価格発送してくれる業者はほとんどありませんので、宅配送料に納得できる程度にまとめ買いする必要があります。

オークション

現在はオークションと言えばヤフオクが圧倒的ですが、以前はBiddersだったモバオクなども若干存在しています。

オークションはいつでも自分の欲しいパーツが出品されているとは限らないので、通常はアンプ製作を計画してパーツを買う、と言う具合には使いませんが、案外埋もれていた貴重なパーツに出会うこともあり、パーツ入手手段の一つにはなります。

送料は出品者次第で安価は方法で発送してくれる人もいれば、一律で高めの設定をしている人もいます。

しかし価格は競って最終的に決まるため、トータルで見ると人気のある商品ほど高額だったりします。

フリマサイト

スマホ時代になって一気に増えたのがフリマサイトです。こちらもオークション同様、いつでも欲しいパーツが出品されているワケではありませんが、現代の選択肢の一つにはなります。

オークションと違うのは、価格は出品者が決めるため、納得できれば購入ボタンをクリック、と言う具合になります。

但しお買い得品はすぐに売り切れてしまうため、スピード勝負になる場合があります。

送料込みのケースも多く、一見お得感もあります。

←入出力端子類は実物を見て買いたいパーツです。見た目では解らない、絶縁具合や廻り止めが付いているか、など店頭で手に取って確認したいものです。

←スイッチやバリオーム類も実際に色や形状、クリック感などを確認して買いたいパーツです。とくにデザインを重視するとツマミの見た目も実際に確認したいところです。

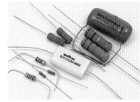

CR、ビス類は規格が解っていれば通販でも良いのですが、少量だと送料がもったいないことになります。ソケットは実際に嵌合具合を確かめたいところですが、店頭で真空管を挿すわけにもいかず、結局は通販でも良いパーツです。

メインはJR秋葉原駅を電気街口に降りるコースになります。改札を出て左に行けば「世界のラジオ会館」がお出迎えしてくれます。

地下鉄は日比谷線の秋葉原駅は昭和通り下にあるため電気街まで少し歩きます。むしろ銀座線の末広町駅の方がパーツ店舗に近いでしょう。

右記マップの4と5は総武線ガード下に店舗があります。

トランスやシャーシー購入時はクルマで行きたいところですが、近隣駐車場は六本木や銀座並に高額ですので注意が必要です。

地図No.	店名	所在地(全て東京都千代田区)	TEL	FAX	主な販売品
1	**ニュー秋葉原センター**	**外神田1-16-10**			
↳	(有)春日無線変圧器	1F	03-3257-0337	03-3257-0337	トランス
2	**秋葉原ラジオ会館**	**外神田1-15-16**			
↳	(株)若松通商	5F	03-3255-5064	03-3251-7373	VT, CR, Tr, etc
3	(有)日米商事 電子部	外神田1-3-9 増田ビル1F	03-3253-5018	03-3255-3595	CR, etc
4	**東京ラジオセンター**	**外神田1-14-2**			
↳	池之谷ラジオ	2F	03-3255-2547		VT, etc
↳	(有)あぼ電機	2F	03-3251-2685	03-3251-8054	シャーシー, SW, etc
↳	(株)小沼電気	1F	03-3251-3991	03-3251-3991	RCA, etc
↳	三栄電波(株)	1F	03-3253-1525	03-3251-1530	VT, CR, VR, etc
↳	(有)東邦無線	1F	03-3251-6078	03-3865-3022	SW, etc
↳	(有)春日無線変圧器	1F	03-3257-1626	03-3257-0337	トランス
↳	東栄変成器(株)	1F	03-3255-6589	03-3255-6597	トランス
↳	山長通商	1F	03-3253-9389		配線材, 工具, etc
↳	(有)島山無線商会	1F	03-3255-9793	03-3255-9793	CR, SW, PL, etc
↳	(有)タイガー無線	1F(1-14-3・秋葉原電波会館)	03-3251-6313	03-3253-3049	配線材, 熱収縮
↳	九州電気(株)	1F(旧ラジオストアー)	03-3251-8910	03-3251-6819	配線材
5	(株)小柳出電気商会	外神田1-4-13	03-3253-9351		配線材
6	**東京ラジオデパート**	**外神田1-10-11**			
↳	門田無線電機(株)	3F	03-3251-1552	03-3255-8040	SW, VR, PL, etc
↳	サンエイ電機	3F	03-3251-0232	03-3251-0232	VT, ソケット, C, etc
↳	シオヤ無線	3F	03-3253-3987		CR, SW, VR, etc
↳	キョードー真空管店	2F	03-3257-0434	03-3257-0457	VT, ソケット, トランス
↳	瀬田無線(株)	2F	03-3255-6425	03-3255-6425	CR, SW, PL, etc
↳	海神無線(株)	2F	03-3251-0025	03-3256-3328	CR
↳	(有)エスエス無線	2F	03-3251-7890	03-3251-7819	シャーシー, アルミ板
↳	桜屋電機店	2F	03-3255-6427	03-3255-6428	VT, CR, VR, etc
↳	小林電機商会	1F	03-3251-0465	03-3251-0466	CR, SW, VR, etc
↳	ゼネラルトランス販売(株)	B1F	03-6260-8044	03-6260-8092	トランス
7	西川電子部品(株)	外神田1-9-9	03-3251-8736	03-3251-5138	ビス類, 熱収縮, etc
8	(株)千石電商	外神田1-8-6 丸和ビル	03-3253-4412	03-3253-4108	CR, VR, SW, PL, etc
9	(株)秋月電子通商	外神田1-8-3 野水ビル1F	03-3251-1779	03-3251-3357	CR, VR, SW, Tr, etc
10	(株)オーディオ専科	外神田1-6-3 熊谷ビル2F	03-5256-1690	03-5256-1694	VT, CR, トランス,etc
11	クラシックコンポーネンツ(株)	外神田6-3-5 三勇ビル6F	03-5826-4584	03-5826-4585	VT, CR, トランス,etc
12	マルツ秋葉原本店	外神田3-10-10	03-5296-7802	03-5296-7803	CR, VR, SW, PL, etc
13	アンディクスオーディオ(株)	外神田4-4-9 定貞ビル4F	03-3257-6010	03-3257-6010	VT, CR, トランス,etc
14	コイズミ無線(有)	外神田4-5-5 アキバ三滝館2F	03-3251-7811	03-3251-7814	VT, ソケット, etc

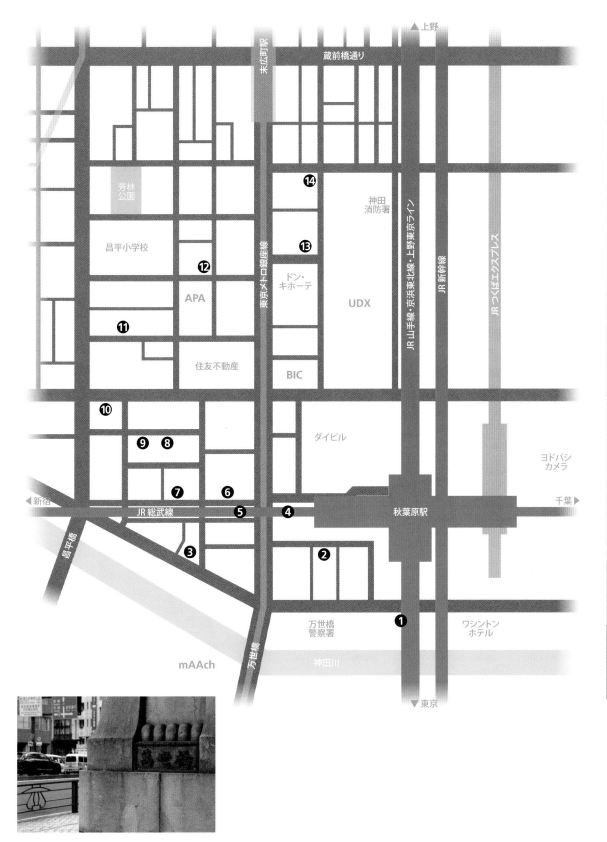

大須では赤門通と新天地通が電気店メインストリートです。以前はパーツ店も多くありましたが、閉店が相次ぎ、現在はほとんどが大須第1アメ横ビルと第2アメ横ビルに入っている店舗のみになってしまいました。

しかしPC店、ゲーム・アニメ系など多くのヲタ系店舗がありますので歩いてて楽しい街です。

地図No.	店名	所在地(全て愛知県名古屋市)	TEL	FAX	主な販売品
1	**大須第1アメ横ビル**	**中区大須3-30-86**			
↳	ボントン	2F	052-263-1654	052-251-5132	CR, VR, SW, etc
↳	小坂井電子	1F	052-263-1614	052-263-1614	VT, トランス, etc
2	**大須第2アメ横ビル**	**中区大須3-14-43**			
↳	大須パーツ	1F	052-269-1750	052-269-1751	シャーシー, 線材, etc
↳	海外電商/海外通商(株)	1F			線材, コネクター, etc
↳	電化パーツ パーツフロア	1F	052-263-9924	052-262-9322	PL, 線材, TA, etc
3	海外通商(株)	中区大須3-13-25	052-263-1611		CR, VR, SW, PL, etc

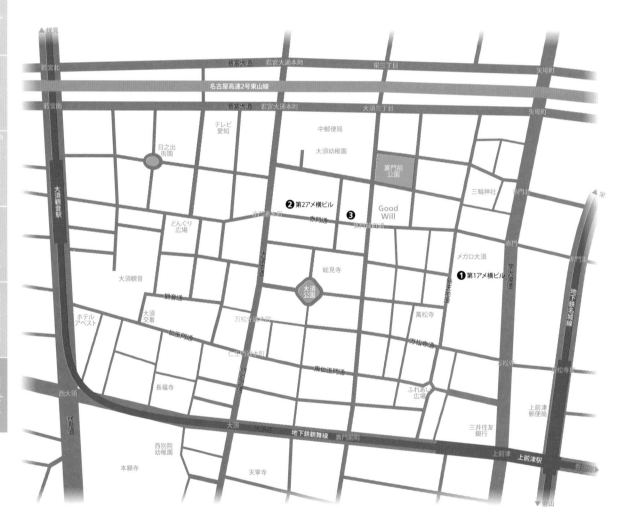

日本橋は堺筋が電気街のメインストリートですが、主なパーツ店は1本奥に入った道に集まっています。

地名は日本橋ですが地下鉄日本橋駅からは約1km弱ありますので、恵美須町駅から歩くと良いでしょう。

もっとも少し距離があっても色々な専門店が多く、退屈しないで歩ける街でもあります。

地図No.	店名	所在地(全て大阪市浪速区)	TEL	FAX	主な販売品
1	シリコンハウス	日本橋5-8-26	06-6644-4446	06-6644-6666	CR, VR, SW, PL, etc
2	マルツ 大阪日本橋店	日本橋5-1-14	06-6630-5002	06-6630-5232	CR, VR, SW, PL, etc
3	デジット	日本橋4-6-7	06-6644-4555	06-6644-1744	CR, IC, ケーブル,etc
4	(株)千石電商 日本橋店	日本橋4-6-13 NTビル1F	06-6649-2001	06-6649-2030	CR, VR, SW, PL, etc
5	無線とパソコンのモリ	日本橋4-5-11	06-4397-9733	06-4394-8408	VT
6	東京真空管商会	日本橋4-14-10	06-6641-2708	06-6631-7765	VT

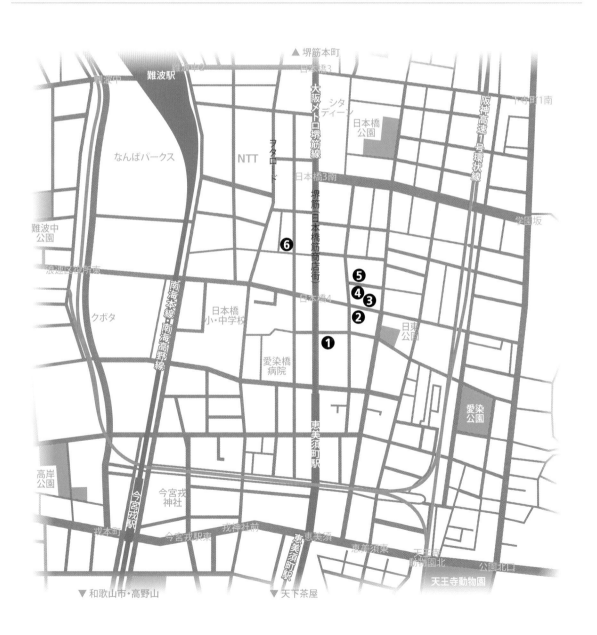

実店舗がある販売店も通信販売をしていることが多くありますが、現在の主流はネット通販です。

ネット上にホームページを持ち、そのまま注文できるシステムになっていますので、実際に写真やスペックを確認して購入できます。

現在はamazonや楽天市場、Yahoo!ショップなどの大手ECモールに軒を連ねている販売店も多く存在します。

真空管関連パーツの専用カテゴリーはありませんので、検索窓に「コンデンサー」や「真空管」など

と欲しい商品名を入れれば専門ショップが見つかります。

通販なら販売店がどこにあっても良いワケですが、送料が若干違う場合があります。

また、通販でも大手ECモールに登録の業者は所在地が解らないことが多く、国内だと思ったら実は深圳や北京だった、なんてこともありますので注意が必要です。その場合、料金は表示通りで明瞭ですが、問題になるのは納期です。

配送が相手国の政治や交通事情に影響されるため、表示された

配達日通りに届くことはまれです。早い時は1週間程度で届きますが、遅いと1ヶ月以上掛かることもざらにあり、早く欲し時は困ることがあります。

右頁のリストはネット上で商品の写真を見て注文できる通販店の他、注文はメールやFAXですがネット上で販売商品の確認ができる通販店を掲載しています。(HPがあっても通販の確認ができない店舗や、ECモールの店舗は入れ替わりが激しいため掲載を見送っています・2020年9月現在)

COLUMN　NOS品・中古品

パーツは新品を使った方が良いことに変わりありませんが、基本的に真空管や関連パーツは過去の遺産ですので中古品が多数を占める世界です。そのため中古品・ジャンク品とも上手く付き合っていけるよう慣れておいた方が良いでしょう。ハズレを引くこともありますが、目が肥えるよう訓練だと思えば中古の珍しいパーツを探すのも楽しくなります。

真空管のビンテージ品は新品でも NOS (New Old Stock)と表示して売っています。

これは当時新品だったとしても数十年経っており、現在は「新しい」とは言えないためです。また、長期保管品でしたので、使えるかどうか販売店でチューブチェッカーや実働でテストをしており、1度でも火を入れているた

めもあります。

全盛時代は芸術的な意識がなく、真空管は消耗品として製造されていましたので、高さが違う、バルブがベースに傾いて接着されているなど、有名球であっても性能に関係ない部分は雑に作られていることもざらにありましたので、過大な期待は持たない方が良いでしょう。

未使用品でも自然劣化するパーツもあれば大丈夫なものもあります。真空管は初期のものは未使用でも真空度が低下したりエミッション低下でダメになっているものもあります。

抵抗やトランスは割と大丈夫な方ですが、コンデンサー、中でもペーパー、オイル、電解などは自然劣化します。他にスイッチ、バリオーム、端子類、ソケッ

トなども金属腐食などで徐々に性能が落ちます。これらはハーメチックシールドで外気を遮断したり金メッキにしたりして吸湿や酸化を防ぎ、長寿命化したものも多くあります。

そのような理由から、ビンテージ品はある程度、通電されている中古品の方が程度が良い場合もあります。とくに電解コンデンサー (ケミコン) などは通電により再化成されて絶縁性が保てますから、長期保管品はエージングした方が初期性能を発揮できるようになります。

接点のあるパーツも金属面が曇った未使用品よりも少し使い慣らした使用品の方が良く、長期保管品は接点復活剤などで磨いてから使用すると良い結果になります。

Beam Single ｜ 2A3 Single ｜ Headphone ｜ Paint ｜ Chassis Processing ｜ Other Work ｜ Industrial Tool ｜ Shop List

店名	トップページURL	主な販売品
秋月電子通商	https://akizukidenshi.com/catalog/top.aspx	Tr, CR, VR, SW, PL, etc
(有)アポロ電子	http://apollodenshi.o.oo7.jp	VT, ソケット, トランス, etc
アムトランス(株)	https://www.amtrans.jp	VT, CR, トランス, etc
アンディクスオーディオ(株)	http://www.andix.co.jp	VT, CR, トランス,etc
(株)エイフル	http://www.eifl.co.jp/index/main.html	VT, トランス, etc
(有)エスエス無線	https://www.ss-musen.co.jp	シャーシー
(株)エレクトロプラザ	https://www.elepla-shop.net	Tr, CR, VR, SW, etc
(合)オーディオウインズ	https://audiowinds.co.jp	VT, シャーシー, CR, etc
(株)オーディオ専科	http://www.audiopro.co.jp	VT, ソケット, etc
(株)奥澤	http://www.case-okuzawa.co.jp	シャーシー
海神無線(株)	http://www.kaijin-musen.jp/index.html	CR
樫木総業(株)	http://www.kashinoki.co.jp	Tr, CR, SW, etc
	https://www.kashinoki.shop	Tr, CR, SW, コネクター, etc
春日無線変圧器(有)	http://www.e-kasuga.net	トランス, VT, C, etc
九州電気(株)	http://www.mimatsu.co.jp/cntnts/kyusyu_index.html	ケーブル
(株)キョードー	http://www.kydsem.co.jp	VT, ソケット
共立エレショップ／共立電子産業(株)	https://eleshop.jp/shop/	VT, Tr, CR, VR, SW, etc
クラシックコンポーネンツ(株)	https://userweb.pep.ne.jp/classic/	VT, CR, トランス,etc
コイズミ無線(有)	https://dp00000116.shop-pro.jp	VT, ソケット, etc
小坂井電子オンラインショップ	http://tubeworks.jp	VT, トランス, CR, etc
(株)小沼電気	https://0332513991.com	ケーブル, コネクター
五麟貿易	http://gorin-net.com	VT, トランス, CR, VR, etc
桜屋電機店	http://www.sakurayadenkiten.com	VT, CR, SW, etc
サトー電気	http://www.maroon.dti.ne.jp/satodenki/	Tr, CR, VR, SW, etc
三栄電波(株)	http://www.san-ei-denpa.com	CR, ソケット, etc
(有)鈴商	https://suzushoweb.shop-pro.jp	Tr, CR, VR, SW, etc
ゼネラルトランス販売(株)	https://www.gtrans.co.jp	トランス, シャーシー
千石電商オンラインショップ	https://www.sengoku.co.jp	Tr, CR, VR, SW, PL, etc
(有)ソフトン	http://softone.a.la9.jp/index.htm	VT, トランス, etc
タカヒロ電子(有)	http://www.takahiro-e.co.jp	Tr, SW, etc
DIY FACTORY	https://shop.diyfactory.jp/landing/top/	塗料, 工具, etc
東栄変成器(株)	https://toei-trans.jp	トランス
トライアルエレクトリックプロダクツ	http://trial.starfree.jp/index.html	VT, ソケット, CR, etc
バンテックエレクトロニクス	http://www.soundparts.jp	VT, ソケット, CR, SW, etc
(合)パーツランド	https://www.parts-land.jp	CR, VR, SW, etc
富士商会	https://www.fujisyokai.jp	VT, CR, etc
部品屋ドットコム／(有)アクティブ	http://www.buhinya.com/index.html	SW, Tr, CR, 端子, etc
フルタカパーツオンライン	https://www.furutaka-netsel.co.jp	SW, Tr, CR, 端子, etc
マルツオンライン	https://www.marutsu.co.jp	CR, VR, SW, PL, etc
マルモパーツ(有)	http://www.marumo-p.com	ツマミ, SW, CR, VR, etc
(株)ミスミグループ	https://jp.misumi-ec.com	ビス類, シャーシー, etc
門田無線	http://www.monta-musen.com/shop/	CR, VR, SW, ソケット, etc
山本音響工芸(株)	https://userweb.117.ne.jp/y-s/index-j.html	VT, ソケット, CR, etc
(株)若松通商通販ショップ	https://wakamatsu.co.jp/biz/user_data/index.php	VT, Tr, CR, VR, SW, etc

Beam Single
2A3 Single
Headphone
Paint
Chassis Processing
Other Work
Industrial Tool
Shop List

ヤフオクPCのトップページ。ここではまだ真空管関連のカテゴリーが見えない。出品量が莫大なので細分化されており、家電、AV、カメラ > オーディオ機器 > アンプ > 真空管アンプ、と入って行く。他にもアマチュア無線やラジオのカテゴリーにも真空管関連が出品されている。

真空管アンプのカテゴリー。ここから本体（アンプ本体）、真空管、パーツ、部品のカテゴリーに分類されている。

Yahoo!オークションが始まってから既に20年以上経ち、現在ではマニアックなモノの取引は最大手となりました。真空管関連の取引量も他サイトと比べて圧倒的で、専用カテゴリーがあるほどです。

また、有名メーカーや販売店も通販代わりに参入しており、アンプやレアな真空管だけでなく、抵抗、コンデンサー、トランスなどのビンテージパーツも出品されていて、今や手に入らないモノはないと言えるでしょう。

もっともいつでも手に入ると言うものではありませんが、気長に待てば出てくる、と言った感じです。

入手する（落札する）時は、とくに手数料等掛かりませんので、通販と同じ感覚で取引できます。

送料は落札者が出す場合がほとんどです。また、業者（ショップ等、法人登録している出品者）の商品を落札する場合は、店頭販売と同じで消費税が掛かります。個人出品の商品には消費税が掛かりません。

気をつけなければいけないこともあります。

出品者全員が真空管アンプに詳しいわけではないので、場合によっては不良品を掴まされることも考えられます。

真空管関連のショップやマニアなどが出品者の場合は、もし状態が解らない場合、オークション上で質問をすれば返してもらえるケースも多いですが、何も知らない人が出品者のケースも多く、その場合は入札する側の自己責任で写真や文章を頼りに判断するしかありません。

何も知らない出品者とは、例えば遺品整理で子や親族が真空管を出品している、出品代行業者が引き取った真空管関連品を出品している、などと言ったことです。

この場合、高く落札された場合で受け取ってみたら不良品だった、などでもノークレームを条件にされていたため返品・返金に応じてもらえないケースが多くあります。

もっともその逆もありで、高価な品が相当安く落札できた、なんて言うこともありますので、オークションの特性を考慮した上で参加すれば強力なパーツ調達源になります。

写真はPC画面のものですが、スマートフォンのアプリもあり充実しています。

落札した場合の支払いは紆余曲折ありましたが、現在は同グループの電子マネー、PayPayでの支払いになりますので、事前に登録が必要です。

ヤフオク! のスマホアプリトップページ。

検索画面にしてカテゴリ検索をタップし、左頁と同じ真空管カテゴリーまで入ると‥

真空管マニュアルや真空管など、関連商品が表示された。

出品の場合

通信販売と違い、オークションやフリマアプリでは自分が持っている不要な真空管等を売ることもできます。

落札の場合はYahooに支払う手数料等はありませんが、出品の場合は落札手数料が掛かります。

Yahooプレミアム会員でなくても出品はできますが、落札手数料が少し高く（10%）、発送方法も制限が多いため大変使いづらく、結局はプレミアム会員になった方が良いでしょう。

月々のプレミアム会員費（508円/月）と落札1個ごとの手数料（8.8%）で他のサイトより費用は掛かりますが、取引量が圧倒的で真空管関連品は人気もあるので、よほど高額な開始価格を設定しなければ、まず売れないことは無い

と思います。

また、価値が解る人が見ているので開始価格を安く設定しても、ちゃんと価値相当の金額で落札されます。

逆に言うと価値（人気）がない、例えばテレビの高圧ダンパ管などは1円で出品しても中々落札されません。

私の場合、実は出品の方が圧倒的に多く、子供の頃から集めた使い切れないほどの真空管を持っていたので、徐々に出品して数千本を処分できましたが、ほとんどちゃんと価値相応で落札されました。（手数料が無料だった時代の話ですが）

現在はPayPayフリマと同時出品ができますが、その場合は定額出品、送料出品者持ち、決まった発送方法などにする必要があります。（P199参照）

元々PCだけの時代から始まっていますので徐々にサーバも拡張されており、写真は長辺（縦横のどちらか）が1200ピクセルまで、計10枚までアップロードでき、それより大きい写真は自動的にリサイズされます。（表示は600ピクセルまで）

それでも説明に足りないと感じる場合は外部リンクにして大きな写真を表示できます。（枚数制限があり）

タグを使ったレイアウトができますのでHTMLが使える方は凝った表示ができ、詳しくなくてもHTML支援サイトを使う人もいます。

このように落札する人と出品する人が多く参加することで埋もれていたパーツ類が日の目を見て役に立っているのがヤフオクです。

個人とショップ・業者がごっちゃになって活性化しているのもヤフオクの特徴です。

メルカリの利用

メルカリはオークションと違い、フリーマーケットをネット上に実現したサイトですので、価格は全て出品者が決定します。そのため終了時間と言うものはなく、価格に納得すればすぐに購入手続きを取り、取引成立になります。

もっともお買い得品は出品されてすぐに売り手が付いてしまうため、スピードとタイミングが勝負になる場合もあります。

元々スマートフォンが一般的になって出来たサイトですので、スマホに適したインターフェイスです。写真はスマホアプリの画面を表示しています。

PCからもアクセスでき、キーボード入力が得意な方は少し楽ですが、使い勝手はスマホアプリとそれほど変わりません。

真空管関連の専用カテゴリーはありませんが、パラパラと出品されていますので、カテゴリーで追いかけるよりも検索した方が手っ取り早く探すことができます。

カテゴリーとしてはトップ画面 > 家電・AV・カメラ > オーディオ機器 > アンプ あたりに多く出品されていますが、ラジオや楽器のカテゴリーにも出品されています。

メルカリの注意点はスマホベースの取引が多いため、文字伝達が少なく、条件が曖昧なことがあるため、良く確認する必要があります。

また、商品によっては（出品者の設定によっては）スマホアプリからでないと購入できない場合があります。

送料は出品者負担（送料込みと表示）の場合が多いですが、着払

い指定などの場合もあります。

支払いはメルカリの電子マネー、メルペイで行いますので事前に設定が必要です。但し同じメルカリアプリで購入、支払いなど全てが完結できるのでスマホでの使い勝手は抜群です。

出品の場合

元々がスマホメインのフリマのため、シンプルな使い勝手と取引を目指しているようで、写真は1080×1080ピクセルの大きさ（プレビューは300px）で10枚までアップロードできますが、説明文章は1,000文字までと制限があります。

つまりスマホのカメラで撮影し、そのまま出品、と言う気楽な使い方をメインにしたフリマサイトです。

送料は出品者負担か着払いのどちらかになります。販売手数料は売値の10%で標準的です。

メルカリのスマホアプリトップページ

検索窓に「真空管」と入れたら真空管関連商品が表示された。SOLDは売り切れ。

内容を良く読み、「購入手続きへ」をタップすればすぐに購入できる。

ジモティー

ジモティーは元々、地元のご近所同士で不用品を譲り合うと言うコンセプトで始まったので、最初に地域や近隣の駅を選択して検索するようになっています。

そのため送料と言う概念があまりなく、どこかの駅で待ち合わせて受け渡し、などの直接取り引きを前提にしているケースがほとんどです。

また、発送できない大型家電や重たい商品が多く出品されているのもジモティーならではです。

そのような特徴があるため、真空管関連はあまり見受けられませんが、そこは探すコツがあります。

地元の地域だけでは出品数の少ない真空管関連品も、地域を広げて検索すれば面白いモノが引っ掛かってくることがあります。

その場合、遠くて取りに行けない地域が多いと思いますが、サイト内で出品者に問い合わせができますから、発送してもらえないか交渉してみると良いでしょう。

ジモティーもフリーマケットに属するため、価格は出品者が決定します。また、直接取引が多いため支払いも決まった電子マネーを使うと言うことはありません。

発送してもらう場合は発送方法、送料、送金手段などをきっちり連絡してトラブルのないようにしましょう。

出品の場合

地域優先フリマのため、真空管関連の出品は他のサイトよりも若干不利な面があります。

私も真空管関連で利用したことがなく、もっぱら大型家具などを引き取り限定で0円出品するなどで利用しています。

ジモティーは出品も無料でゼロ円出品もできるため、使い方によっては非常にメリットがあります。

気をつけたいことが2点あります。ひとつは価格をお安く設定すると、出品した瞬間にメールが殺到し、対応に追われたりします。

もうひとつはジモティーマニアの方が結構いるようで、遠いのに無理して取引の予定を組み、結局当日来れずに時間をムダにするケースがあります。

地元同士と言う特性をムダにしますが、発送できるモノであれば、直接取り引きを受けない条件にすると良いでしょう。

写真は512×512pixel×5枚までアップロードできます。

ジモティーのスマホアプリトップページ。通常は登録したご近所のみ表示される。

エリア画面にしてできるだけ多くの地域にチェックを入れて決定を押す。

その後に「真空管」と検索すると今まで表示されなかった真空管関連が表示された。

ラクマのPCトップページ

検索窓に「真空管」と入れたら真空管関連商品が表示された

フリマサイトとしては後発ですが、急速にシェアの伸ばしているのはラクマです。

その理由は出品手数料が他サイトよりも安いため、出品がどんどん増えているためのようです。

新興サイトですので大した真空管関連の出品はないだろうとたかをくくっていたら、どうもそうではなく、こちらも結構出品されていました。

後発なだけに色々シェアを拡大するための工夫がされており、スマホ版もPCからも大変アクセスしやすく、見やすいインターフェイスが採用されています。

真空管関連の専用カテゴリーはありませんので、こちらも検索窓に「真空管」などと入れて検索した方が手っ取り早く見つけられます。

専用カテゴリーがないと出品者も迷っているようで、色々なカテゴリーに出品されていました。主には、スマホ/家電/カメラ ＞ オーディオ機器 ＞ アンプ　あたりに出品するケースが多いようですが、その他や楽器、エンタメ/ホビー、ラジオのカテゴリーに出品されているなど多種多様でした。

購入時の支払いは楽天グループなので一切手数料が掛からない楽天ペイを推奨していますが、コンビニ払いやクレジットカードなど、色々選択できます。

他のフリマと同じように送料込みのケースが多いですが、着払いなど購入者が支払う場合もありますので、条件を良く確認する必要はあります。

出品の場合

後発フリマのため販売手数料（3.5%＋消費税）を安くしてシェアを伸ばす作戦ですので、いずれは他のサイトと同程度になると思われますが、当分は他サイトよりも安くて出品はチャンスです。（追記・案の定2021年1月、6%に改定されました）

但し真空管と言うマニアックな商品ですので、ラクマがどこまで世間に認知されるかによりますので、販売価格をあまり高く設定すると売れないかも知れません。

写真はPCの場合585×585pixelで表示されますがデータは640×640pixelで保持されており、4枚までアップロードできます。

詳しく説明したい場合、写真4枚と言うのがネックかも知れません。

PayPayフリマのPCトップページ

検索窓に「真空管」と入れたら真空管関連商品が表示された

Yahooがオークションとは別ブランドで定額出品に特化したフリマサイトを始めたのがPayPayフリマです。

PayPayフリマはヤフオクと同じシステムを使用していて出品者は両方のサイトに同時出品が可能となっています。

そのため真空管関連品もヤフオクと同時にPayPayフリマに出品するケースがあり、まだ新しいフリマですが、そこそこ真空管関連品も出品されています。

インターフェイスはPC、スマホの両方から使いやすく、その点は他のサイトと同じです。やはり欲しい商品は検索で探す、と言うのも同様で、支払いはもちろんPayPayによる電子マネーとなります。

PayPayフリマのカテゴリー分けは少し特殊で、元々ファッション関係をメインに始まったフリマなので「ブランド別」を採用しています。

もちろん真空管関連のブランドは表示されませんから、検索のみしか探す方法はありません。もっとも他のフリマサイトも似たようなものですので、それで迷うようなことはないでしょう。

購入した場合、全て送料込みで他に手数料も掛からないので、購入代金のみで解りやすく、コンビニ受け取りも指定できるなど、他サイトと違ったメリットもあります。

出品の場合

ヤフオクと同じと言ってもオークションではなくフリマですから、価格は出品者が決める定額出品、送料は出品者負担（送料込みと表示）、決まった発送方法だけとなっており、それが良くも悪くも出品内容に影響しています。

とくに問題になるのは発送方法で、ヤフネコパックやゆうパックおてがる版の利用のみとなっているため、集荷に来てもらえず、出品者がコンビニや営業所まで持ち込まないといけないため、アンプ本体や大型トランスなどの重量物には厳しい発送方法となっています。

つまり購入者には関係ありませんが、出品者は真空管やCR類などの小型・軽量の商品なら利用価値がある、と言ったところでしょうか。

ただ一度に出品登録すればヤフオクとPayPayフリマの両方に出品されるのは楽です。写真もヤフオクと同じでデータは1200×1200pixel（表示は572×572pixel）まで保持され、10枚までアップロードできます。

出品手数料は当初はヤフオクと同じでしたが、2021年1月から5%に値下げされました。手数料はよく変わるので、確認してください。

Beam Single
2A3 Single
Headphone
Paint
Chassis Processing
Other Work
Industrial Tool
Shop List

著者：鈴木達夫（すずきたつお）

1962年・神奈川県横浜市生まれ

子供のころから電子工作に凝り、御多分に洩れず小学生で
アマチュア無線を始め、中学生でオーディオにのめり込み、
小遣いが限られているので当然のようにできる限りアンプ
やスピーカーは自作で徐々に揃えることに。以後管球アン
プは数十台作りはしたが、多趣味で他のことに熱中してい
た時期もあり、ずっと球に携わってきた本当のベテランに
失礼なので、本人はベテランではないと言い張っている。

著者HP：本末転倒の真空管アンプ
https://honmatsu-amp.net

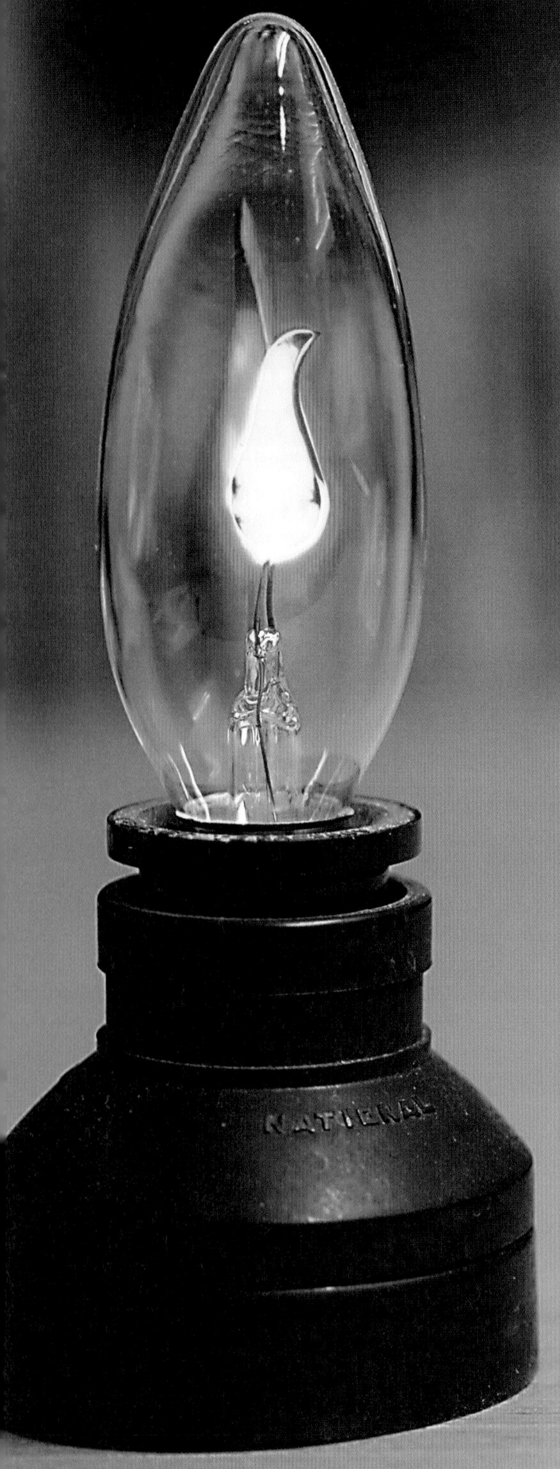

彩の管球アンプ

2021年3月20日 第1版第1刷

● 著　者：鈴木　達夫
● 編集人：鈴木　達夫
● 発行人：平山　勉
● 発行所：株式会社電波新聞社
　〒 141-8715 東京都品川区東五反田 1-11-15
　電話：03-3445-8201（販売管理部）
　URL：www.dempa.co.jp

● 企画・編集：Design Studio すずきこうぼう
● カバー・挿絵イラスト：いちかわはる
● 印刷・製本：株式会社フクイン

ネオン＝究極の放電管